Aesthetic
Thinking

by
Wenge Wang

审美之思

王文革 著

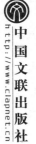

中国文联出版社
http://www.clapnet.cn

图书在版编目（CIP）数据

审美之思 ／ 王文革著 . －－北京：中国文联出版社，
2022.3（2023.1 重印）
ISBN 978－7－5190－4453－4

Ⅰ.①审… Ⅱ.①王… Ⅲ.①美学—文集
Ⅳ.①B83-53

中国版本图书馆 CIP 数据核字（2022）第 017369 号

著　　者　王文革
责任编辑　邓友女
责任校对　谢晓红
装帧设计　肖华珍

出版发行　中国文联出版社有限公司
地　　址　北京市朝阳区农展馆南里 10 号　　　邮编　100125
电　　话　010－85923025（发行部）　　　85923091（总编室）
经　　销　全国新华书店等
印　　刷　三河市华东印刷有限公司

开　　本　710 毫米×1000 毫米　　　1/16
印　　张　14.25
字　　数　142 千字
版　　次　2023 年 1 月第 1 版第 2 次印刷
定　　价　75.00 元

目　录

代　序
痒，不仅仅是痒

——关于"痒"的诗性辨析

　　大凡有外在表现的感知，或感知的对象是外在的，这样的感知就容易表达、容易相通，如笑表达的是快乐、哭表达的是痛苦，笑与哭都是别人看得见的。某些表情可以符号化，就因为这种表情与其所表达的情感之间具有直接的、明确的关联。但是，痒，虽然是每个人都有的感觉，却没有这样清晰的外在表现。于是，痒便成了普遍都有却又普遍难以表达、难以传达的一种感觉。

　　每个人都会痒，但这并不意味着自己痒过之后就能感知别人的痒。痒是一种内在的感知，一种生理的反应，一种个人性极强的体验。"痒"这个词与其他词语一样，对个人来说，具有先验性，它先于个人。但是，对于个人来说，从逻辑上讲，先有痒的感知，后有痒的概念，而概念又离不开名称。当我第一次意识到痒的时候，我是如何将它与"痒"的名称联系起来的呢？推测起来，这种关联的建立恐怕与搔或挠这种外在的动作密切相关，因为，痒的最通常、最本能、最简单、最外在的反应，就是搔或挠。《释名·释疾病》："痒，扬也，其气在皮中，欲得发扬，使人搔发之而扬出也。"《集韵·养韵》："痒，肤欲搔也。"对于"痒"的解释，都离不开一个"搔"字。"搔"是"痒"的外在表现。搔痒或挠痒，是由痒直接引起的外在的动作，由果溯因，便表明你的身上某处痒了。于是，人们便会告诉你这就是痒了。这样，一种只有个人才能感知到的内在的生理反应，便与"痒"这个概念、这个名称关联起来了。借助"痒"这个语词，也即人们给痒这种感知、体验的命名，才使得你的痒我能够知道，我的痒你也能够知道。

但是，你的痒实在不是我的痒，我的痒也实在不是你的痒。当你感到痒的时候，即使你做痒痒状，或不停地挠痒，你的痒也是很难让旁人痒起来的。痒，一定是你或我或他在痒，不能说是你们、我们或他们在痒。痒不会共同地、群体性地发生。如果谁说"我们都在痒"，这样的话语就多少显得不可思议。痒这种纯粹个人的生理反应，确实难以相通、难以言传。"向有人痒，令其子搔之，三索而弗中。又令其妻索之，五索亦五弗中。其人曰：'妻乃知我者也，而何为而弗中？莫非难我哉？'妻子无以应。其人乃自引手，一搔而痒绝。此何者？痒者，人之所自知也，他人莫之知。"（《应谐录》）这个故事有点夸张，因为别人不能一下子就挠到痒处实在是常见的现象，但它所要表明的道理也是很常见、很简单的：即使如妻子儿女这样最亲近的人，也是无法准确把握其痒处的。有一个谜语："上边上边，下边下边，左边左边，右边右边。（打一日常动作）"谜底是：挠痒。谜底这么说似乎还不太准确，应当是"请人挠痒"。比如后背痒，自己挠不到，于是请人挠痒，但别人哪里知道你痒的地方，于是需要你的指引；一次指引不到位，便需要反复指引，直到挠到准确的痒处。不过，即使你亲手挠了我的痒，即使因为你的挠痒让我一时快意，结果仍然是，我痒我的，你挠你的，我的痒、我的快感与你无关。我的痒不能传递给你，挠痒的快感也不能分享给你。笑让人快乐，哭让人同情，而痒则不具有这种感染人的力量。看起来，痒也没有什么"深度""高度"，不像视觉、听觉那样"高大上"。也就是说，痒，是一种纯粹个人的生理感受，与他人、与社会的痛痒无关。

一般来说，痒本身往往既无益也无害。有人认为，作为人的一种生理能力、生理反应，在长久的进化、遗传中，痒应当与人的生存安全有关。但是，如果一种东西只是引起人的痒，那它对人来说就没有什么危害，而且，像虫叮蚊咬引起的痒，即使人感到了，而蚊、虫早已飞走。梁实秋《蚊子与苍蝇》一文写到"我"睡觉时受到蚊子的骚扰叮咬："蚊子由来访以至于兴辞，双方的工作不外下列几种：（一）蚊子奏细乐，（二）我挥手致敬，（三）乐止，（四）休息片刻，（五）是我不当心，皮肤碰了蚊子的嘴，奇痛，（六）蚊子奏乐，（七）我挥手送客，（八）我痒，（九）我抓，

（十）我还痒，（十一）我还抓，（十二）出血，（十三）我睡着了。"① 被蚊子叮咬不是什么大不了的事情，不过，那种持续的痒却是让人难以忍受的，不挠不行，所以有"我痒""我抓""我还痒""我还抓"的动作。但对于蚊子叮咬所引起的痒，也不是抓挠所能止住的；而且，这种痒也不是现叮现痒的，是叮过之后一段时间才痒起来的。事实上，多数情况下，痒无关安全，大约只是确定某种东西的接触，而且是比较柔软、比较轻微的东西的接触。（当然，也有来自人身体内部的暂时不明原因所引起的痒。造成痒的原因不管是来自外部刺激还是来自内部的神经活动，只要不是强烈的、持久的，痒就没有大碍。）痒似乎是皮肤、身体在通报某种既无益也无害的事物接触或神经活动的信息，而这种接触或神经活动本来只需引起触感或一般的肤觉即可，但却引起了痒这种有点难忍、必欲去之而后快的感知。从某种程度上讲，痒是作为身体感官之一的皮肤在做"无事忙"，是一种过敏、过度的反应。这是痒在产生机制上所让人困惑的地方（多数的痒，往往与病无关，所以，以"疒"作"痒"的形旁，似乎有点夸张）。但是，痒的感知要比其他感知轻微细腻，要感知痒，就需有敏感、健全的感知能力。一旦痒起来，人就启动了清醒模式，人一下子就精神起来了。当你痒的时候，表明你有感受、有知觉、有意识、有反应，一切安好。所以，从某种意义上讲，痒是身体在"宣示"或"显示"自己的存在，说"我痒故我在"也是不过分的。

痒虽然属于轻微细腻的感知，某些时候如果不能狂抓就会令人抓狂。钱锺书《围城》写到方鸿渐在前往三闾大学途中，夜宿穷乡僻壤的一家"欧亚大旅社"时被蚤虱叮咬时的情景：方鸿渐"正放心要睡去，忽然发痒，不能忽略的痒，一处痒，两处痒，满身痒，心窝里奇痒。蒙马脱尔（Monmartre）的'跳蚤市场'和耶路撒冷圣庙的'世界蚤虱大会'全像在这欧亚大旅社里举行"，虽全力抓挠并捺死一个臭虫，"谁知道杀一并未儆百，周身还是痒"，到后来，疲乏不堪，只好"学我佛如来舍身喂虎的榜样，尽那些蚤虱去受用"。② 本来一件细小之事，在这里却被描述得轰轰烈烈，好像生死攸关似的。可见，轻微的往往又是强烈的。一个细微的痒，

---

① 梁实秋：《雅舍谈艺》，百花文艺出版社 2006 年版，第 143 页。

② 钱锺书：《围城》，人民文学出版社 1980 年版，第 150–151 页。

3

如果不能及时消除，往往会带来尖锐的、钻心般的痒。一个人可以忘我，却难以忘痒。

挠痒，除了要及时，还必须挠到痒处，挠不到痒处就不能消除痒。这个"要领"当然也包括要直接挠到痒处，隔靴搔痒是不成的，膝痒搔背（汉代桓宽《盐铁论·利议》："议论无所依，如膝痒而搔背。"）或头痒搔脚（汉代焦赣《易林·寨之革》："头痒搔跟，无益于疾。"）也是不行的。你可以想象有一只小虫在身上爬，于是产生痒的感觉；但挠痒则不能靠想象。望梅可以止渴，画饼可以充饥，挠痒则不能是虚拟的、象征性的，必须真挠、实挠。也就是说，虽然产生痒的原因可能是虚幻的，但痒的感觉以及挠痒的动作则肯定是实在的。也正因为如此，痒、挠痒才具有确证自己清醒、真实存在的作用。在这一点上，痒似乎与痛感具有相似的作用。

痒这种感觉似乎难登艺术殿堂，因为，痒确实缺乏社会性、价值性及可表现性。很少见到专门以痒为主题的作品。有一些表现人物挠痒的图画，那种画面很难说有多美、有多雅、有多动人。像一些魏晋名士，因为喜欢服食"五石散"，导致皮肤容易擦伤，不得不穿宽大的衣服，于是显得很有"风度"；还因为皮肤容易擦伤，衣服以穿旧的为宜，这样衣服就不能经常洗，而不洗，便会生出虱子，于是便有了"扪虱而谈"的"美事"。在这里，魏晋名士有两处可能与痒相关：一是"五石散"的药效可能令服食者皮肤发痒，二是名士身上的虱子会令其身上发痒。即便如此，魏晋风度也实在与痒没有什么关系。可见，痒作为一种纯粹的感觉，缺少诗情画意。顾恺之曾说："手挥五弦易，目送归鸿难。""手挥五弦"是外在的动作，比较好画；"目送归鸿"是内在的情意，难以表现。痒也是人内在的感觉，如同"目送归鸿"一样，属于难以表现的对象。那种直接去画痒或挠痒的画家，算不得高明的画家。但是，痒毕竟是一种很细腻、很敏感的普遍存在的感觉，轻微的搔动就可以引起痒，而痒本身也是神经、心理敏感的反应。故而，痒也是一种很容易产生的感知。比如，小虫在身上爬行，就很容易引起人痒的感觉。达利喜欢在作品中使用"蚂蚁"这一形象。蚂蚁在人身上爬动——这样的情景足以让人生出痒的感觉。甚至因为出现了绒毛，奥本海姆的装置作品《毛皮茶具》也可能引起观众痒的感觉。这是间接地表现痒的感觉。

痒固然有令人难以忍受的一面，但挠痒则给人以快感。法国散文家蒙田说："搔痒乃是大自然最甜美的恩赐之一。"确实，还有什么能像挠痒这样举手可得并且可以让自己立刻满足的好事呢？亲手挠痒固然有挠痒的快感，别人给你挠痒，则比自己亲手挠还要快意。即使没人帮忙，也可以借助工具。有专门挠痒的小笆子名曰"痒痒挠""不求人""老头乐"的，不仅能帮人挠到自己的手不容易够到的部位，而且挠痒的快感也似乎比亲手去挠要更强烈一些。晚唐诗人杜牧有这样的诗句："杜诗韩笔愁来读，似倩麻姑痒处搔。"读杜甫的诗歌、韩愈的文章，就如同请神仙姐姐给自己挠痒一般快意。在这里，心理上、精神上的快意用身体上的快感来描述，也非常生动、形象。而将身体上的感知引申到心理、精神方面，也是人们常见的用法，如"婚姻的七年之痒""心里痒痒的""不禁手痒""恨得牙痒痒"等。（需要说明的是，这里的痒虽然都是痒，但意思却有所不同，"七年之痒"的"痒"，大约对应的是"痒"的生理反应方面；"心里痒痒的""不禁手痒""恨得牙痒痒"的"痒"，大约对应的是因为"痒"所引起的动作冲动。）这些"痒"都非常形象地表达了那种微妙的心理反应或精神感受。"轻软如同花影，/痒痒的甜蜜/涌进了你的心窝。/那是笑——诗的笑，画的笑：/云的留痕，浪的柔波。"（林徽因《笑》）"痒痒的甜蜜"这个描述的生动就在于把痒这种微妙细腻的身体反应与甜蜜愉快的味觉感知组合在一起（移觉或通感的手法），表达了一种可以意会却难以言传的情感。可见，痒，固然难以直接表现，但因为是一种常见常有的生理反应、身体感觉，与每个人的切身体验息息相关，故而以痒设喻可以生成十分生动的意象。

美学美育

诗性因果审美论

认识和把握因果关系是人们认识和把握事物的极为重要的方式。正如亚里士多德在《分析后篇》中所说的："当我们认为自己认识到事实所依赖的原因，而这个原因乃是这件事实的原因而不是别的事实的原因，并且认识到事实不能异于它原来的样子的时候，我们就认为自己获得了关于一件事物的完满的科学知识。"[①] 他在《物理学》中还说："人们如果还没有把握住一件事物的'为什么'（就是把握它的基本原因），是不会以为自己已经认识这一事物的。"[②] 从某种程度上讲，世界向我们所呈现的只是现象，只有把握了现象背后的原因，这个世界才真正向我们敞开。而把握因果，也成为人们把握世界的基本方式和基本要求，"如康德所说，宇宙万物都处于普遍的相互影响中，但是，不管系统多么复杂，我们总是把这些现象排列在因果序列中，这对我们的思维来说，无疑是宇宙体系的基础，简言之，是我们经验的基础"[③]。人们倾向于在事物间构建因果关系，以便理解、把握事物。这体现了人们所具有的"因果本能""因果冲动""因果需求"。人们对因果关系的坚信，就如同爱因斯坦所说的"上帝不会掷骰子"一样。

那么，符合什么条件才构成因果关系呢？对此，休谟总结并提出了形成因果关系的相关规则，例如："1. 原因和结果必须是在空间上和时间上互相接近的。2. 原因必须是先于结果的。3. 原因与结果之间必须有一种恒常的结合。构成因果关系的，主要是这种性质。4. 同样原因永远产生同样结

[①] 北京大学哲学系外国哲学史教研室编译：《古希腊罗马哲学》，商务印书馆1982年版，第292页。

[②] 北京大学哲学系外国哲学史教研室编译：《古希腊罗马哲学》，商务印书馆1982年版，第249页。

[③] ［法］列维－布留尔著，丁由译：《原始思维》，商务印书馆1981年版，第404页。

果，同样结果也永远只能发生于同样原因。"①这些规则对于人们构建或发现因果关系提出了严格要求，也就是说，只有符合这些规则的关系，才能说是科学的、理性的因果关系，也即必然的、充分的因果关系。

如果把这种因果称为科学的因果的话，那么，在日常生活和文学艺术中则另有一种因果，这种因果并不遵从或不完全遵从这种科学的因果，而是往往表现出一定的"随意性"或诗性特点并自成一种因果关系。这种因果关系我们姑且称为"诗性因果关系"。

一、关于诗性因果

当科学因果观或理性因果观强调因果的恒常性的时候，诗性因果却不讲"恒常性"，往往将个别现象、临时现象甚至"漠不相干"的现象关联起来构成因果关系。我们可以略举几例加以说明。

如说："我打了个喷嚏，你就来了。"这句话如果出现在魔幻小说中，那一定意味着说这句话的人或打喷嚏的人是个魔法师。但这句话似乎不是针对魔法来说的，而是一种事实性的陈述。它的表面意思是说"我打喷嚏"与"你来"一前一后两个事情之间时间间隔的短暂。但实际上这种说法还是隐含着某种因果关系，即因为"我打了个喷嚏"，所以"你就来了"。"我打了个喷嚏"，这是一件事，这件事应当有一个结果；"你就来了"又是一件事，这事应当有一个原因。而恰好这两件事前后紧承，这不能不令人将它们置入一个因果关系之中。又如说："我以前的血压从来没有高过，一评上副教授，体检时就发现自己血压高了。如果知道是这样的结果，还不如不评这个副教授。"这个说法显然建构起一种"评上副教授"与"血压高了"之间的因果关系。这里表因果关系的"一……就……"结构与表时间紧承的"一……就……"同形同构，这就使这种结构可以构成表因果关系与表时间紧承的双关。又如说："一刮风你就来了。"这里，"刮风"与"你来"之间既可以是因果关系，也可以是表时间紧承，还可以是

---

① ［英］休谟著，关文运译：《人性论》，商务印书馆1980年版，第199页。

表反复出现。与之相似的还有俗语"说曹操曹操到"。"说曹操"与"曹操到"之间时间间隔很短，当然也是反复出现的情况，但二者似乎也隐含着某种因果关系：如果不说曹操，曹操会到吗？更明显的是《红楼梦》中说的"不是冤家不聚头"：它既是一种现象，又包含一定因果。凭着理性，我们可以判断，这样的因果关系实际上是一种偶然现象，不具有休谟所说的"恒常性"。

从科学理性来看，即便一种情况出现，另一种情况必然出现，前一种情况也未必是后一种情况的原因。但诗性思维并不看重这种必要的、充分的要求，仍然热衷于在两种情况之间建立起因果关系，且往往抓住这种反复、多次出现的特点构建起因果关系。如果说"我打了个喷嚏，你就来了"在频次上还只是单个事件的话，"说曹操曹操到"似乎是一种"常态"，"不是冤家不聚头"则好像是一种"必然"。《三国演义》第五十回写了曹操的三次大笑。曹操赤壁兵败，在北逃中遭到孙刘联军的一路截杀。当他逃到"乌林之西，宜都之北"的一处山川险峻之地时，"乃于马上仰面大笑不止"，众将不解，曹操说："吾不笑别人，单笑周瑜无谋，诸葛亮少智。若是吾用兵之时，预先在这里埋伏一军，如之奈何？"话还没说完，赵云就冲杀过来。逃到葫芦口时，曹军人困马乏，便埋锅造饭。曹操又仰面大笑，笑"诸葛亮、周瑜毕竟智谋不足"，若在此处埋伏一支人马，则曹军非死即伤。这一笑，又引出张飞的截杀。逃到华容道时，曹操又在马上扬鞭大笑："人皆言周瑜、诸葛亮足智多谋，以吾观之，到底是无能之辈。若此处埋伏一旅之师，吾等皆束手受缚矣。"这一笑又引出关羽的截杀。[1] 在这个文本中，曹操的每一次大笑，都引出对方的一阵截杀。我们当然不会认为曹操的每一次大笑会引起对方对他的截杀。大笑在这里只是表明曹操的奸诈狂妄与孔明的足智多谋，我们也可以认为这只是两个前后相承的现象而已；但如果不是因为他的大笑，又何至于落入如此窘迫狼狈的境地呢？而且，这种情况可谓是一而再、再而三地发生，难道不会让人产生其大笑与截杀之间存在某种因果关系的意识吗？又如同样是出自《三国演义》中的说法："分久必合，合久必分。"这个说法到底是现象的表述

---

[1] 罗贯中：《三国演义》，长江文艺出版社 2000 年版，第 295-297 页。

还是因果关系的表述呢？显然，"分久"与"合"之间、"合久"与"分"之间的关系被表述为必然关系，也即因果关系。但这种因果关系也表述为现象的反复发生。

人们关于祸福之间关系的说法也似乎体现了诗性因果关系的微妙。就如同日常生活中一个人害怕因福得祸或希望因祸得福一样，祸福之间也存在某种因果关系。林徽因说："人生总在祈求圆满，觉得好茶需要配好壶，好花需要配好瓶，而佳人也自当配才子。却不知道，有时候缺憾是一种美丽，随性更能怡情。太过精致，太过完美，反而要惊心度日。""太过精致，太过完美，反而要惊心度日"，这种心态与"水满则溢，月满则缺""满招损，谦受益"等观念是一致的，都显示了祸福转化的因果关系。其实，祸福转化也只是反复、多次出现的现象，二者之间并无真正的相互作用的关系。

总之，诗性因果关系并非必然的、充分的因果关系，这种因果关系不能用休谟的所谓"恒常性"来要求，如果用"恒常性"来要求，诗性因果多半是不成立的。但诗性因果观并不强求其每次必然如此，有一次足矣，甚至连是否有一次属实也无关紧要，不用考虑，纯粹偶然，纯粹想当然，纯粹的"想必如此"，纯粹是移情或情感投射，也都可成立。诗性因果往往只及一点、不计其余，把暂时性、部分性、现象性的关联当成恒常的、全部的、根本性的相互作用关系。

二、关于诗性因果与"诗性智慧"

诗性因果观与诗性智慧具有某种相似性。

提出"诗性智慧"一说的是维柯。维柯是在对古代民族的文化进行研究后提出"诗性智慧"的。概而言之，维柯所说的"诗性智慧"有以下几个主要特点。

一是想象性。维柯认为，原始人"因为能凭想象来创造，他们就叫作'诗人'，'诗人'在希腊文里就是'创造者'"[①]。这种创造是以"以己度物"

---

① ［意］维柯著，朱光潜译：《新科学》，人民文学出版社 1986 年版，第 162 页。

的思维方式进行的："人在无知中就把他自己当作权衡世间一切事物的标准……人在不理解时却凭自己来造出事物，而且通过把自己变形成事物，也就变成了那些事物。"①"人类的心灵还有一个特点：人对辽远的未知的事物，都根据已熟悉的近在手边的事物去进行判断。"②"在一切语种里大部分涉及无生命的事物的表达方式都是用人体及其各部分以及用人的感觉和情欲的隐喻来形成的。"③所以，"最初的诗人们给事物命名，就必须用最具体的感性意象"④来表达。维柯指出：诗性的智慧"是一种感觉到的想象出的玄学……这些原始人没有推理的能力，却浑身是强旺的感觉力和生动的想象力"⑤。想象和记忆密切相关，原始人"必然具有惊人的坚强的记忆力"，"在人类还是那样贫穷的时代情况下，各族人民几乎只有肉体而没有反思能力，在看到个别具体事物时必然浑身都是生动的感觉，用强烈的想象力去领会和放大那些事物，用尖锐的巧智（wit）把它们归到想象的类概念中去，用坚强的记忆力把它们保持住"，所以，"记忆和想象是一回事"。⑥也就是说，原始人类因为理性思维不发达，于是就借助自己的感觉，凭着强烈的想象力去把握对象。

二是情感性。原始人类在进行思维时，或者他们在进行感觉和想象时，是完全把自己摆了进去，把自己的情感加了进去，甚至把对象也看成是与自己一样的有生命的事物："人们在认识不到产生事物的自然原因，而且也不能拿同类事物进行类比来说明这些原因时，人们就把自己的本性移加到那些事物上去"⑦，"诗的最崇高的工作就是赋予感觉和情欲于本无感觉的事物。儿童的特点就是在把无生命的事物拿到手里，戏和它们交谈，仿佛它们就是些有生命的人"⑧。"最初的诗人们就是用这种隐喻，让一些物体成为具有生命实质的真事真物，并用以己度物的方式，使它们也有感觉和

---

① ［意］维柯著，朱光潜译：《新科学》，人民文学出版社1986年版，第181页。
② ［意］维柯著，朱光潜译：《新科学》，人民文学出版社1986年版，第83页。
③ ［意］维柯著，朱光潜译：《新科学》，人民文学出版社1986年版，第180页。
④ ［意］维柯著，朱光潜译：《新科学》，人民文学出版社1986年版，第181页。
⑤ ［意］维柯著，朱光潜译：《新科学》，人民文学出版社1986年版，第161–162页。
⑥ ［意］维柯著，朱光潜译：《新科学》，人民文学出版社1986年版，第428页。
⑦ ［意］维柯著，朱光潜译：《新科学》，人民文学出版社1986年版，第97页。
⑧ ［意］维柯著，朱光潜译：《新科学》，人民文学出版社1986年版，第98页。

情欲。"[①] 维柯的这个观点看起来和后来的"移情说"的思路是相似的，但实际上，原始思维中的情感性和审美移情是完全不同的。

三是具体性。因为抽象思维能力的贫弱，因而缺乏表达抽象意义的概念和词汇，"异教世界的原始人的心对事物都一个一个地单独应付，在这方面并不比野兽的心好得多"[②]。"当时人类心智也还没有发展成运用近代语言中那么多抽象词去进行抽象的能力"，所以，"他们的心都局限到个别具体事物上去"[③]。他们总是用"具体的物质形式"[④]来表达抽象的观念，如"年"这一时间概念，"人类花了一千多年，各民族才开始用'岁'或'年'这个星象方面的名词；就连到了现在，佛罗伦萨农夫还说'我们已经收获若干次了'来指'过了若干年'"[⑤]。

诗性因果观与维柯所说的"诗性智慧"有某种相似之处。当现代人看到古代人类那种充满狂野色彩的想象时，不禁为那种不受拘束的想象所折服。其实，这是一种误解。古代人类实在是因为抽象的或理性的思维能力太贫弱，所以才发展出这种以想象、情感、具体为特征的诗性智慧。

维柯所说的"诗性智慧"，又与近现代以来人类学家所说的原始思维、巫术思维、神话思维等是一致的，所指的都是人类早期阶段或原始阶段所具有的那种思维方式。这种思维方式在现代文明社会是否存在呢？按照人类文化学家的看法，这种诗性的智慧并不因为人类思维能力的发展而消失，它仍然是我们的一种重要的思维方式。比如，泰勒提出"遗留说"："在那些帮助我们按迹探求世界文明的实际进程的证据中，有一广泛的事实阶梯。我认为可用'遗留'（survival）这个术语来表示这些事实。仪式、习俗、观点等从一个初级文化阶段转移到另一个较晚的阶段，它们是初级文化阶段的生动的见证或活的文献。"[⑥] 布留尔也认为，人类并不存在被铜墙铁壁所隔开的两种思维方式，他认为，"在同一社会中，常常（也可

① ［意］维柯著，朱光潜译：《新科学》，人民文学出版社 1986 年版，第 180 页。
② ［意］维柯著，朱光潜译：《新科学》，人民文学出版社 1986 年版，第 364 页。
③ ［意］维柯著，朱光潜译：《新科学》，人民文学出版社 1986 年版，第 362 页。
④ ［意］维柯著，朱光潜译：《新科学》，人民文学出版社 1986 年版，第 250 页。
⑤ ［意］维柯著，朱光潜译：《新科学》，人民文学出版社 1986 年版，第 182 页。
⑥ ［英］泰勒著，连树声译：《原始文化》，广西师范大学出版社 2005 年版，第 11 页。

能是始终）在同一意识中存在着不同的思维结构"①。美国著名人类学家弗朗兹·博厄斯（Franz Boas，1858—1942）也说："那种认为原始民族和文明民族在头脑上存在本质区别的想法是错误的。"他举例说："巫术又是什么？我相信，如果一个男孩看到有人向他的照片吐唾沫并将其剪碎，那他是有理由生气的。如果我在学生时代遇到这种事情，其结果必然是一场斗殴……我相信，我的感情和其他青年不会有什么两样，在这种情况下我们的态度就成了'巫术的'了，这又是标准化和教条化的结果。"②另外，弗洛伊德所说的潜意识——梦的活动方式是与原始思维很接近的，而荣格则认为他的原始意象——原型在原始思维的集体表象中得到印证。可见，就我们个人的经验来说，在日常生活中我们是极力用理性的逻辑方式来思维，但原始思维方式却常常不知不觉地发挥作用。

比如，黑格尔在分析头盖骨与人的精神属性的关系时举例说："在这方面进行的观察，其所得结果或价值就一定像赶集的小贩或晒洗衣服的家庭妇女每次都遇到的下雨的情况一样。那位小贩和家庭妇女当初同样也可能做出观察，说每当某个邻人从门口路过或者家里吃猪肉排的那天总是落雨的。正像落雨与诸如此类的情况完全无关一样，就观察来说，精神方面的这一规定性与头盖骨上的这一特定的存在，也是漠不相干的。"③虽然两种情况"漠不相干"，但在日常生活和文学艺术中，将两种时空接近的情况当成因果关系的现象还是屡见不鲜的。

又如，列维－布留尔在研究原始思维时说："比如说，某年秋天葡萄获得特大丰收，而这年的夏天正遇上一个大彗星出现；或者在日全蚀以后爆发了战争。即使对已经文明的民族的思维来说，这之间的前后关联也非偶然。这些事件在时间上的彼此联系并不只是接连发生而已，葡萄丰收与彗星之间、战争与日蚀之间的联系是一种难于清楚分析的联系。我们在这里遇见了我们叫做互渗的那种东西的一个顽固的残疾。而那些根本不知道什么叫偶然联系的最原始的思维，亦即那些把在自己的观念中可能出现的一切关系都赋予神秘意义的思维，则像断定'在这个之后，所以因为这个'

① ［法］列维－布留尔著，丁由译：《原始思维》，商务印书馆1981年版，俄文版序。
② ［美］弗朗兹·博厄斯著，金辉译：《原始艺术》，贵州人民出版社2004年版，前言。
③ ［德］黑格尔著，贺麟、王玖兴译：《精神现象学》上卷，商务印书馆1979年版，第223页。

那样毫不踌躇地来断定：juxta hoc, ergo prorter hoc（接近这个，所以因为这个）。空间的接近也像时间的接近一样是一种互渗，甚至有过之，因为原逻辑思维对空间的确定比对时间的确定更注意。"①按照列维－布留尔的看法，原始思维把休谟所说的构成因果关系的第一条规则所提出的时空接近当作了构成因果关系的必要而充分的条件，并且认为因与果之间有着一种神秘的"互渗"。

不管人们如何解释，这种因为时空的接近而构成因果关系的现象，在日常生活与文学艺术中屡见不鲜，在某种程度上甚至习焉不察，它并没有因为人类理性的发达、科学的昌明而完全退出生活、艺术，反而在生活中特别是在艺术中占据了重要地位。诗性因果观与"诗性智慧"相类，似乎可以视为"诗性智慧"的某种"遗留"。只是这种"遗留"不是"诗性智慧"的简单重复，而是"诗性智慧"在人类文明和理性智慧大为发展的情况下的再现。

三、诗性因果的表达功能

因果关系体现了事物之间的相互作用、相互影响，或者体现了人们对事物间相互作用、相互影响的关系的意识。在日常生活和文学艺术中，因果关系的建构或揭示或表现，往往与人的情感的表达有关。也就是说，因果关系可以用来表情达意。它是人们乐于用来表情达意的一个重要方式。例如，著名音乐家庄奴对来访的《光明日报》记者说："'一直下雨，你今天一来就阳光灿烂。光明日报，名字多好！'庄奴掩饰不住得意，一边笑一边鼓掌，接着竖起大拇指左右摇晃。"②"一直下雨"是事实，今天"阳光灿烂"是事实，"你"来了也是事实，"你"来自《光明日报》也是事实。但仅仅描述事实是不够的，还要在它们之间建立因果关系。对于说这话的庄奴来说，当然是为了突出其喜悦之情，这种喜悦之情又是通过对来访者神秘的影响力的描述来表达对来访者的夸赞的。前后有所关联，现象之间

---

① ［法］列维－布留尔著，丁由译：《原始思维》，商务印书馆1981年版，第276–277页。
② 张国圣：《甜蜜蜜的庄奴》，《光明日报》2014年4月25日。

有所关联，特别是有一定的因果关系，不同情况、现象才似乎可以构成一个有着内在逻辑的自足的时空。正如福斯特《小说面面观》中说的："国王死了，后来王后也死了"是个故事，"国王死了，王后死于心碎"才是情节。在这里，"国王死了，后来王后也死了"的概率或可能性，显然要比"国王死了，王后死于心碎"更大一些，但就文学艺术来说，更注重的是事物、事件之间的关联性、因果性；如果仅仅只是一些流水账似的罗列，就没有什么意思了。文学艺术也更乐于、更善于发现和建构事物间、事件间的这种关联性、因果性，从而组成一个自足性或自洽性的艺术世界。关于故事与情节的区别，福斯特认为，故事是"对一系列按时序排列的事件的叙述"，情节"同样是对桩桩事件的一种叙述，不过重点放在了因果关系上了"。①

因果关系处在时间轴上，表现因果关系是构成时间艺术的重要方面。文学是时间艺术，与作为空间艺术的美术不同。美术作品善于表现静态的、瞬间的事物形象，而文学善于表现动态的、连续的事物形象，这是莱辛在其《拉奥孔》中早已做了区分的。在文学作品中，因果关系可以是直接描写的对象，例如，《围城》中写方鸿渐他们住进了一家"直到现在欧洲人没来住过"的"欧亚大旅社"，进店便看见肥胖的老板娘正在喂孩子吃奶。作者写道："奶是孩子的饭，所以也该在饭堂里吃，证明这旅馆是科学管理的。""她那样肥硕，表示这店里饭菜也营养丰富；她靠掌柜坐着，算得不落言诠的好广告。"②这些描述通过比喻、拈连或直接建构因果关系，来形成幽默调侃的表达效果。又如闻一多《红豆》："相思是不作声的蚊子，偷偷地咬了一口，陡然痛了一下，以后便是一阵底奇痒。"这里也使用了比喻、拈连的方式构建因果关系来表现相思，使难以言表的相思之情得以形象生动地表达出来。在叙述上前后相连，（叙述的）时间上前后相承，本身就包含因果的可能；加上"因为"，不过是将这种关系加以强化、明确而已，从而构成一种诗意的描写。通过因果关系来诗意化的现象是很多的。例如，"像林徽因这样温柔而又聪慧的女子，她的一生必定是有因果的。所以祖籍原本在福建的她，会出生在杭州，喜爱白莲的她，会生于

---

① ［英］E·M·福斯特著，冯涛译：《小说面面观》，上海译文出版社 2016 年版，第 79 页。
② 钱锺书：《围城》，人民文学出版社 1980 年版，第 149 页。

莲开的六月……""上苍怜她优雅情怀，所以许她一段美丽的死亡……死在了至爱了一生的人间四月天"。因为"他们都生长在江南，被温软柔情的山水浸泡太久，以至于心也那样潮湿"，所以，林徽因与徐志摩之间是有恋情的，而且，"林徽因因为徐志摩美丽地绽放过，所以她此生无论以何种方式行走，以何种姿态生存，都将无悔"。（白落梅《你若安好便是晴天》）在这里，因果关系构成了作品的重要内容，构成了作品的重要情节。这样的描写当然富有诗意，但如果这样的因果关系出现在非虚构作品中，就显得有些想当然了。在这里，这些因果关系加上了"必定""将""会"等判断词，这些判断词本身又构成对因果关系的实然性的否定。

因果关系体现了不同事物前后相承的变化。著名的如"感时花溅泪，恨别鸟惊心"，因为"感时"而"花溅泪"、因为"恨别"而"鸟惊心"，"感时"与"花溅泪"、"恨别"与"鸟惊心"之间发生了前后紧承的变化，前者分别对后者产生影响，构成一个变化的过程。这四种情况几乎是以共时性的方式呈现出来的，但仍可分出先后、分出因果。它通过一种因果关系的组接或暗示，来体现情感对花、鸟的影响作用，以此对情感进行有效的表达。这种因果关系，也即主观的因果或主客交融的因果；这种诗句所体现的，其实是诗人的意识，是诗人主体意识所关注、所投向的方面，其所突出的是诗人的情与意。又如"春眠不觉晓，处处闻啼鸟。夜来风雨声，花落知多少"，其中存在多重因果关系。这些因果关系，或者是纪实，或者是虚写，或隐或现、或明或暗，将诗人所关注的对象凸显出来，将情境也交代得十分真切。在这里，因果关系所要起的作用就是表情达意。

这样的因果，不是那种一一对应的、清晰明辨的、客观科学的因果关系，而是一种纯主观的、感性的、一时的因果关系，虽然不合科学，却合主观意识。例如"记得绿罗裙，处处怜芳草"，这里所描述的情况是事实还是主观态度呢？这种因果关系，无理而妙、反常合道；这种因果关系，显然具有某种夸张放大的作用，使诗人的情感得到有效凸显，成为诗歌所要表现的唯一对象。当人们这样说的时候，所表达的是一种主观态度、个人情感或临时意识，也就是用赋予这种偶发现象以必然性、充分性的方式，来强调、夸张、突出自己的一种主观感受或主观态度。

诗性因果的基础是人情，与理性因果以事实或必然为基础的情况是不同的。人情是可以相通的，所谓人同此心，心同此理，所以有感同身受以及感染、感应、感动的情况。因果关系在诗词中是可以常常见到的，而且具有因果关系的诗句往往能够产生十分感人的艺术效果。例如：

"昔我往矣，杨柳依依。今我来思，雨雪霏霏。"（《诗经·小雅·采薇》）

"江南无所有，聊赠一枝春。"（陆凯《赠范晔诗》）

"近乡情更怯，不敢问来人。"（宋之问《渡汉江》）

"劝君更尽一杯酒，西出阳关无故人。"（王维《送元二使安西》）

"忽见陌头杨柳色，悔教夫婿觅封侯。"（王昌龄《闺怨》）

"朱门酒肉臭，路有冻死骨。"（杜甫《自京赴奉先县咏怀五百字》）

"早知潮有信，嫁与弄潮儿。"（李益《江南曲》）

"春风得意马蹄疾，一日看尽长安花。"（孟郊《登科后》）

"蜂蝶纷纷过墙去，却疑春色在邻家。"（王驾《雨晴》）

"不畏浮云遮望眼，只缘身在最高层。"（王安石《登飞来峰》）

从上述例子可以看出，构建一定的因果关系，成为文学表情达意的重要方式：在很多情况下将因果关系展现出来，也就达到表情达意的目的了。

四、诗性因果的审美效果

诗性因果往往与人的主观情意密切相关，从某种程度上讲是主观情意的一种表达。在这种表达中，人们并不那么遵守自然法则或物理秩序，而是凭着想当然的方式自由构建各种因果关系，体现出十足的诗意和自由来。

在文学艺术中，说出某种事实还不足以表情达意，还要将事实与另一事实关联起来，构成因果关系，从而形成一个看起来自足的关系时空。在这种关联的建构中，正如对梦兆的分析一样，其关注点或出发点多是与个人生活感受、生存状态相关的方面，如得失祸福以及由此而产生的喜怒哀乐。人们建构因果关系的时候，也往往是从与个人生活感受、生存状态相关的方面来着眼的。这样的因果关系就是体现了个人生活感受和生存状态的因果关系。利用这种因果关系来传情达意，也就具有还原性、（艺术的）真实性、可感性。某种程度上说，有因果即有情理，有情理即有因果。即便是对因果关系的探究、怀疑、否定、超越，也是为了把握生命、生活的本真，或追求心灵的自由。跳出必然因果是人们追求心灵自由的表现。诗性因果关系虽然也是一种因果关系，但其自由性、"随意性"、偶发性特点却打破了必然因果或科学因果所构成的铁定法则，形成对必然性的突破。正如朱光潜所说："现实和文艺都不是一潭死水，纹风不动，一个必然扣着另一个必然，形成铁板一块，死气沉沉的。古人形容好的文艺作品时经常说，'波澜壮阔'或则说'风行水上，自然成纹'，因此就表现出充沛的生命力和高度的自由，表现出巧妙。'巧'也就是偶然机缘，中国还有一句老话：'无巧不成书'，也就是说，没有偶然机缘就创造不出好作品。"（朱光潜《谈美书简》第十三）①

诗性因果因为具有偶发性，因而是对必然性的一种突破和超越，这就使得这种关系具有了新颖性，往往能给人带来审美的惊奇感。

好奇是人的本性。维柯说："好奇心是人生而就有的特性，它是蒙昧无知的女儿和知识的母亲。当惊奇唤醒我们的心灵时，好奇心总有这样的习惯，每逢见到自然界有某种反常现象时，例如一颗彗星，一个太阳幻相，一颗正午的星光，即刻要追问它意味着什么。"②这种追问可以说就是因果之问。这种好奇，在审美上与之对应的是惊奇感。惊奇感对于审美活动的发生具有重要作用。正如黑格尔所说："艺术观照，宗教观照（无宁说二者的统一）乃至于科学研究一般都起于惊奇感。"③关于审美惊奇感，张晶也指出："真正的审美快感，是伴随着惊奇感产生的。惊奇不等于快感，但却是豁然贯通人们胸臆、发现审美对象的整体底蕴的电光石火。""惊奇是一种审美发现。在惊奇中，本来是片断的、零碎的感受都被接通为一个整体，观赏者的心灵受到了强烈的撼动，而作为审美对象的作品里潜藏着、幽闭着的意蕴，突然被敞亮了出来。观赏者处在发现的激动之中。也许，

---

① 《朱光潜全集》第 5 卷，安徽教育出版社 1989 年版，第 336–338 页。
② 《朱光潜全集》第 18 卷，安徽教育出版社 1992 年版，第 157 页。
③ ［德］黑格尔著，朱光潜译：《美学》第二卷，商务印书馆 1979 年版，第 22 页。

没有惊奇就没有发现，也就没有美的属性的呈现，没有崇高和悲剧的震撼灵魂，没有喜剧和滑稽的油然而生。"① 审美惊奇的反面可以说是审美冷淡。李斯托威尔认为，审美的反面或对立面，不是丑，而是"审美冷淡"。② 一个对象如果不能激发人的审美惊奇，其结果当然是审美冷淡。

　　例如体现了诗性因果关系的"机缘""巧合"，就可以产生审美的惊奇感。"机缘""巧合"是文学艺术中常常遇到的现象。例如《基度山伯爵》中的一系列巧合：如果邓蒂斯不被打入死牢，如果他不遇到法利亚长老，如果法利亚长老不赠予他藏在基度山小岛上的宝藏，如果长老没有抢救被烧纸片、破译了红衣主教斯巴达的遗嘱，如果不是长老先死……这一环套一环的惊险传奇就将无法演绎，而这种奇巧就很给人以神秘感，③ 当然也很给人以惊奇感。曹禺《雷雨》中，周萍与繁漪乱伦的奇，在于他们是名义上的母子关系；更为奇巧的是周萍与四凤的"乱伦"，因为很不幸，他们碰巧是同母异父的兄妹。这种巧合也显示出神秘的奇巧性。朱光潜说："试想一想中国过去许多神怪故事，从《封神榜》《西游记》《聊斋》《今古奇观》到近来的复映影片《大闹天宫》，如果没有那么多的偶然机缘，决不会那么引人入胜。它们之所以能引人入胜，就因为能引起惊奇感，而惊奇感正是美感中的一个重要因素。"④ 可见，诗性的因果因为具有临时性、偶发性，具有新颖、奇巧的特点，往往能够激发人们的惊奇感，产生审美快感。至于诗性因果所具有的想象性、情感性、具体性等特点，其与审美活动的关系就自不待言了。

　　因为突破了日常因果，超越了必然因果，诗性的因果就显示出诗意的自由来，也因此往往能够给人带来审美的惊奇感。

（本文为王文革、刘同军合撰）

---

① 　张晶：《审美惊奇论》，《文艺理论研究》2000 年第 2 期。
② 　[英] 李斯托威尔著，蒋孔阳译：《近代美学史评述》，安徽教育出版社 2007 年版，第 242 页。
③ 　蔡毅：《神秘与永恒》，《云南社会科学》2006 年第 2 期。
④ 　《朱光潜全集》第 5 卷，安徽教育出版社 1989 年版，第 336–338 页。

口误的滑稽性分析

心里明明想的是 A，说出口的却是 B，这就是所谓的口误。如"香山红叶疯了""老板，要一份油浆豆条"等，就是心里想的是 A，口里却说成了 B，造成了虽然意思明白但却表达错误的现象。口误是心口不一，但不是有意的，不是有意说假话。口误是无意中犯了错且能让人马上意识到的错误。

一、关于口误的范围

口误不同于一般知识性错误。知识性错误就是把错误的当成正确的。例如，当年台湾"总统"陈水扁说台湾一义工做的好事"罄竹难书"，这是把词用错了，遭到人们的批评。当时的台湾"教育部部长"还辩解，"罄竹难书"不就是形容"多"嘛！诗人余光中讽刺说：能不能用"徐娘半老"形容你妈妈漂亮呢？这种情况属于知识性错误，把错误的当成正确的，遭到批评后还不以为然。又如，一位老师说，"电视里经常放一个蓝之梦的广告""我一个侄子有 5 个派（iPad 那个派），在家装个由路器就能上网"，这是把"梦之蓝"说成了"蓝之梦"，把"路由器"说成了"由路器"，是记错了。相声、小品往往有意制造口头错误，产生滑稽效果。如赵本山的小品《火炬手》中有：今天，这里蓬荜生辉，人山人海，海枯石烂。这里，小品人物以为是用了文雅的词语，但结果却是用词不当。又如郭德纲与于谦的一个关于旅游的相声，就全靠似是而非的口头错误来制造笑声，如《清明上坟图》"斯皮尔胳膊""姥姥的澎湖湾"等。这些语误既出乎意料，又有几分情理。如清明上坟，"伯格"颠倒过来就是"胳膊","外婆"就是"姥姥"。这些口头错误已不完全是用词不当。但这些语误都不是口误，因为它们都是言者作为正确的东西来表达的。又如"把萝卜切成肉丁"，这句话在不知不觉中犯了隐含逻辑问题的表达错误，当然也不是口误。在小品《英雄母亲的一天》中，女主角把"司马光砸缸"说成"司马缸砸光""司马缸砸缸""司马光砸光"等，可以视为因缺乏知识性的了解，加上"光""缸"谐音所导致的表述错误，不能视为"口误"。

口误也不是因为发音不准、咬字不清而引起的误解。例如，有人因为方言影响，说出的"主任"一词听起来就很像"主人"一词："你们主人（主任）在吗？"在《红楼梦》第二十回"王熙凤正言弹妒意　林黛玉俏语谑娇音"中有这么一段对话："二人正说着，只见湘云走来，笑道：'二哥哥，林姐姐，你们天天一处顽，我好容易来了，也不理我一理儿。'黛玉笑道：'偏是咬舌子爱说话，连个"二"哥哥也叫不出来，只是"爱"哥哥"爱"哥哥的。回来赶围棋儿，又该你闹"幺爱三四五"了。'"史湘云把"二"的发音发得近乎"爱"，所以遭到林黛玉的打趣。这种咬字上的变调虽然也有趣，但不是口误。口误是把正确的说错了，想说的与说出口的不一样。

口误也不同于歧义、歧解或双关。例如：

1.（学校规定要穿校服，有的学生只穿校服上衣，班主任说：）"没穿裤子的都给我站出来！"

2.（指着她的小提包，说：）"你这皮真不错。"

上述例子会引起歧解，但对于说话的人来说他认为是正确的表达。

歧解的效果，是可能将人引向错误理解的方向、放大其悖谬或不合时宜的方面，并与正确的方面发生对立冲突，从而产生滑稽效果。歧解是可以有意创造的修辞手法。如有位大才子现场用诗给一位老太太祝寿，第一句是"这个老太不是人"，让人惊诧不已；第二句是"九天仙女下凡尘"，立即让人转嗔为喜；第三句是"生的儿子全是贼"，却又令人惊诧；第四句"偷得蟠桃献母亲"，才让人顿时放松，产生强烈的喜感。这首诗就是利用歧解来制造惊悚、让人转怒为喜的强烈效果。这种情况有可能与另一种情况相类：说错了话，于是将错就错，顺势用合乎逻辑的方式来圆，如同拈连格 ①。但这种情况也不属于口误。

二、口误的原因及特点

口误的原因多样，常见的有以下几种。

（一）心不在焉。当一个人心里正想着李四的时候，他极有可能把眼前的张三喊成李四。这是一种言此而意彼或言彼而意此的口误，也即，说的是此事，但想的是彼事，言意二者相互纠缠，发生混淆，言语的所指与言者的所指相脱离，于是发生替代或误用。这是我们在生活中常能遇到的事情。又如：

1.（被老师留下来做作业，不会就抄别人的）交作业时竟然对老师说："我抄完了。"（百度）

2.［高中一老师姓江，长相酷似罗家英（《大话西游》唐僧的扮演者），某学生问问题，脱口而出：］"唐老师，这题……"（百度）

3.（一老师通宵打麻将，见黑板没擦，大怒：）"今天谁做庄啊？黑板都不擦。"（百度）

弗洛伊德的精神分析理论认为，口误实际是内心被压抑的潜意识的一时流露。这种说法当然也有一定道理，就如同他认为梦境是被压抑的潜意识欲望的达成一样。在他看来，说梦话与口误具有相同的性质和相同的心理根源。上述几例都可以视为因受到潜意识的影响而导致的口误。但似乎并非所有的口误都具有这样深刻、深奥的内在原因。

（二）心急口快。随口说出或脱口而出，不假思索、无暇思索，也就是平时所说的没过脑子，于是造成口误。如体育解说，就要求解说员能够反应迅速，马上对当下发生的事情进行实时报道和说明。这种特定的环

---

① 陈望道：《修辞学发凡》，上海教育出版社 1979 年版，第 114 页。

境就很容易发生口误。人们搜集了体育解说员的一些"经典"口误，如："以迅雷不及掩耳盗铃之势""叶钊颖的父亲是原浙江省羽毛球队的守门员""各位观众，中秋节刚过，我给大家拜个晚年"，这些口误都是因为把几个意思拼接到一起，来不及细想就顺口说出了。又如：

1.（和别人争执）"你以为我是吃米饭长大的？"（百度）
2."你胡说！我又不是不傻！"（百度）

这后两例都是在情急之中把话说反了，但即便如此，意思还是明白的。

（三）精神紧张。情绪或心理紧张容易造成语不择词，特别容易将词语表达成音近、义近的词语。例如：

1."我记得在我上初中时，有一课是关于北大荒的，老师让我们念课文，有一句是'棒打狍子瓢舀鱼，野鸡飞到饭锅里'。我同桌朗读课文时不小心口误，念成了'棒打狍子瓢舀鱼，野鸡飞到被窝里'。"

2."他坚守着暴风雪中的岗哨，手中紧紧握着一支钢笔……"

3."我有一特腼腆的男同学，去食堂打早饭，窗口里那伙计问他：'要点儿什么？'他低着头说：'我要……我要……一个包子和一个包子。'那伙计盯了他半天，说：'你要什么呢？再说一遍？''我要一个包子和一个包子……哦不！一个包子和一个面包！'"

（上述例句见百度百科"口误"）

4.《光明日报》文艺部主任彭城的散文集《急管繁弦》出版后，送了我一本。……那天碰到《人民日报》副刊的董宏君，我说，彭兄出了一本书，美！宏君说，叫什么？我忽然语塞，苦思良久脱口而出：《紧拉慢唱》！宏君问，是戏曲研究？我抓抓脑壳。（李迪《我们》，《中国艺术报》2016 年 3 月 23 日）

前三例是形近或音近造成了混淆，最后一例则是因义近而发生了替代。可见，情绪紧张容易产生这种混淆或替代。需要注意的是，即使平常状态，也容易发生这种由形近或音近所导致的口误。例如：

1. "反正脖子拧不过大腿。"
2. （问一近视的同学眼镜多少度）"400W。"
3. "把电热毯开到保鲜那一挡。"
（上述例句参见刘甜《一首"周截棍"的"双杰伦"》）

（四）当下情境的干扰。《韩非子》中有一个典故："郢人有遗燕相国书者，夜书，火不明，因谓持烛者曰：'举烛。'云而过书'举烛'。举烛，非书意也。燕相受书而说之，曰：'举烛者，尚明也；尚明也者，举贤而任之。'"这位楚国人随手把随口说出的话写到信中，这是笔误。与之相类，受他人语言影响、诱导，不知不觉接过别人说过的话，就形成口误。例如：

1. "有收鸭毛的，在街上叫'收鸭毛咧'。一次和熟人聊天。说到熟人感冒了，后大声吼了一句'收感冒咧'。"（百度百科"口误"）
2. ——我脸上长了好几个包！
——要多吃点儿包，不，香蕉。

上述两例是说话者受情境或对方话语影响，把别人话语中的关键成分顺势用到自己的话语中了。

（五）谐音混淆。例如：

1. "同事很嗲地对她老公喊道：'老公，你来剥这根葱嘛……'不知道是太兴奋了还是怎么的，结果说成了：'老葱……你来剥这根公嘛……'"（百度百科"口误"）

在这例口误中，"公""葱"谐音，如果前面说成了"公"，后面就不会错；如果前面说成了"葱"，后面就极易说成"公"。

2. "《俄狄浦斯》《安提戈涅》的故事发生在迪拜（特拜）。"

特拜（或"忒拜"）是古希腊城邦，迪拜是现代阿拉伯联合酋长国的首都，但因谐音，就将"特拜"说成了"迪拜"。

当然还有其他原因造成的口误，兹不赘述。

不管是什么原因，口误都是一种出乎偶然的表达错误，其主要特点有：

一是出人意料。表达者力图正确地表达自己的意思，听众则期待听到正确的表达，所以一旦出现口误就不免让人感到意外。

二是现场性。由表达者现场说出，听者当下即知。在这里，听众足以迅速做出正误判断，故而听众的反应是现场的，而不是延时、异地的。言者的口误是面向听众的，听众的反应也是面向言者的，是当下即成。

三是无心的。口误是不由自主的表达错误。表达者并没有制造口误的动机，他只想正确地表达，而口误正与其目的相反。这与那种有意制造的噱头不同。正如柏格森所说："一个滑稽人物的滑稽程度一般地正好和他忘掉自己的程度相等。滑稽是无意识的。他仿佛是反戴了齐吉斯（公元前 7 世纪小亚细亚吕底亚的一个牧童，后来当了国王。相传他有一个金环，戴上以后别人就看不见他。——译注）的金环，结果大家看得见他，而他却看不见自己。"[1] 口误者有时能当场觉察到自己的错误，但更多的时候并不能马上发现自己的错误。

四是一次性的。口误往往不可重复，这是因为表达者的目的是正确的表达，而不是为了制造口误。他不会一错再错。口误往往引起笑。在这里，正确"原型"的在场，听者对错误的当下意识，是这种笑产生的前提。这也表明，人们是在用笑声、在欢乐中与错误告别。表达者一旦意识到自己的口误，就会马上予以改正，不会有意去重复自己的错误，毕竟被人嘲笑多少会有些难堪。"当一个人感觉到自己可笑，马上就会设法改正，至少是设法在表面上改正。"[2] 笑在这里具有纠错的作用。这当然是对正确

---

① [法] 柏格森著，徐继曾译：《笑》，北京出版社出版集团、北京十月文艺出版社 2005 年版，第 11 页。

② [法] 柏格森著，徐继曾译：《笑》，北京出版社出版集团、北京十月文艺出版社 2005 年版，第 12 页。

的"原型"的一种强化。

五是新奇陌生的。因为是错误的、打破常规的、难得一见的，所以，口误是出人意料的，也往往是新奇陌生的。

口误的产生是有原因的，而且造成口误的原因也各不相同，但言者与听者对于口误的原因并不太关注，而主要关心的是口误本身，即表达错误或错误表达。如果本身无伤大雅，加上口误的上述特点，口误就往往能产生滑稽的效果。

三、口误的类型

口误不同于纯粹的语无伦次。语无伦次不可理解，而口误往往是可以理解的。在具体语境中，听者明白说话的人想说什么，而且也因此能立即判断出说话人的口误。这是口误奇妙的地方。口误大体有两种：一种是错误表达、说了错话，就是形式上、逻辑上出了问题；另一种是表达错误、说错了话，就是在内容上、语义上出了问题。

（一）不合逻辑的口误，例如：

1. "大猪喂婶啊？"
2. "点一首周截棍的《双杰伦》。"
3. "把垃圾打开，窗户扔出去！"
4. "——您贵姓？——免姓贵王。"
5. "老虎不发猫，你当我是病危呀！"
6. "你这样吃豆豆，能不长奶油吗！"
7. "刮雨下风""上泻下吐""阳违阴奉"
8. "你们这是死猫碰到瞎耗子！"
9. "新来的雪糕，热乎的！"
10. "小时候有劳动课，一般都是除草，所以到了前一天放学时候老师就得提醒我们带锄头。第二天上劳动课了准备出发，老师便于管理就问了一句：'有多少人带了啊？带了手的把锄头举起来！'"

（上述例句见百度百科"口误"）

11."吃完饭再看吧，不然脑子消化不良。"（参见刘甜《一首"周截棍"的"双杰伦"》）

错误明显且能马上判断，多半属于情急之中没有细想或来不及细想就脱口而出的口误。这类口误多为语序的颠倒、谐音的混淆或语义表达上的矛盾。这类语句不合逻辑、不合情理，产生明显的谬误。对于这种口误，听者所听出、所发现、所关注的是其表达方式的错误。还好，因为属于常识性内容，在语境中人们还是能够理解其想要表达的意思的。

这样的口误往往能产生滑稽效果、引人发笑。这种笑，往往是不协所造成的。这种不协是双重的，即：形式与内容的不协，字面与意思之间形成反差，出现乖谬；口误与语境的不协，本来是很严肃的语境，却出现了与这个语境不相符的东西。这种笑的作用也是双重的，即：是对错误的嘲笑；这种笑也一时消解了语境的严肃，而且，越是严肃的语境，越能产生这种滑稽的笑。

（二）合乎逻辑的口误，例如：

1."有没有人找电话打我？"

2."你的标准话说得真普通！"

3."朋友们，您见过黄河吗？您知道它是我们的母亲河吗？下面，请听《长江之歌》！"

4."下一个节目，《我们一家都是人》（《我们都是一家人》）。"

（以上例句见百度百科"口误"）

5."宽衣解带终不悔，为伊消得人憔悴。"

6."达·芬奇的微笑"。

这些口误从字面上看是说得通的，不违背逻辑，但违背情理，而且这种违背是出乎意料的，大大超出人们的期待与习惯，于是滑稽效果油然而生。

当然，有的口误还需放在一定的语境中才能判断为口误。例如，"你不下地狱，谁下地狱？！"如果离开了语境，我们就难说它是一句口误，因为从字面上看，它是完全通顺的，没有任何问题。但当妻子对开车的丈夫这么说的时候，它就是一句口误。原来，这里的"地狱"指的是"地库"，即地下车库。这是妻子对开车的丈夫说的话。这种口误离不开语境，而且脱口而出，当下即成。

除了具有前一类口误所具有的不协之外，这类口误的有趣之处，在于字面意思与实际意思之间的关联与对立，即张力。张力在某种程度上成了字面意思、实际意思之外的另一种"意思"，可称为"意味"。与不合乎逻辑的口误不能产生正确的表达形式相比，合乎逻辑的口误仍然产生了看起来正确的表达形式，这个看起来正确的表达形式又具有生成一定意思的能力，于是这个意思就与其本义产生反差与冲突：您见过黄河吗——请听《长江之歌》，岗哨——钢笔，雪糕——热乎，我们一家——都是人……在这里被勉强组合起来，形成貌似合理但却存在内在矛盾的表达。钢笔——钢枪，二者形近，但意味反差很大。达·芬奇的微笑——蒙娜丽莎的微笑，结构相近，但意味却是迥然不同的。蒙娜丽莎的微笑，是一位年轻貌美的女子神秘的似笑非笑，而达·芬奇的形象，我们常见的是他那幅大胡子老头形象的自画像，二者有天壤之别。前面所说的"你不下地狱，谁下地狱"的口误，词面所表述的是一件很严肃、很重大的事情，但实际所表达的不过是驾车下到地下车库。词面与本义之间既形成了严重的不协，也产生了内在的张力。反差越大，张力越大，滑稽效果就越强。精彩的口误往往是妙手偶得，不可多得。

与口误相类的有笔误。因为疏忽而写了错别字，就是笔误。纯粹的错别字没有什么可笑的。倒是那种说得通但又有些违背情理的笔误，容易产生滑稽效果。如小品《网购奇遇》中的句子："你有什么问题随时吻（问）我。""你能活（货）到付款吗？"虽然打（说）错了，但又说得通，说得通但又有些违背情理，于是让人觉得可笑。这种笔误，是因为打字用的输入法是拼音输入法，用这种输入法打字很容易产生谐音式的笔误。这种笔误与语音相关，但其张力却来自文字的字面义与语境的矛盾冲突。

四、口误滑稽效果的两种解释

口误所引起的笑，往往是滑稽的笑。这种滑稽的笑，可以有两种解释，一种是康德的解释，另一种是柏格森的解释。康德用"紧张的期待突然转化为虚无"解释滑稽现象，柏格森用"机械性"解释滑稽现象；康德的解释是立足于听众（主体），柏格森的解释是立足于对象（客体）。

如前所述，口误具有出人意料、当场、无心等特点，是临时发生的偶然的表达错误，符合康德所谓"在一切引起活泼的撼动人的大笑里必须有某种荒谬背理的东西存在着。……笑是一种从紧张的期待突然转化为虚无的感情"[①]的说法。"紧张的期待突然转化为虚无"是很多喜剧作品常用的手法。对于相声、小品，人们所期待的是"包袱"，期待的是经过一番铺垫之后的出人意料的笑点。相声、小品中的表达错误不是真正的口误，因为这里的角色认为自己的表达是正确的。口误是表达者知道正确的表达但一时却说出了错误的话语。与相声、小品不同，人们对于一般日常的话语所期待的是正确的表达，也即符合表达者的意思的表达。口误显然背离了他的表达意愿，而听者却一般大体明白其意思并迅速判断其错误，于是造成期待的落空——本来是期待正确的表达，不料出现的是错误的表达。这使口误产生笑的效果。这种"紧张的期待突然转化为虚无"的情况与相声、小品不同。

柏格森认为滑稽的原因是机械性。机械性可以解释很多滑稽现象，如电影《胜利大逃亡》中的临近结尾一幕：英国伞兵、油漆匠、乐队指挥、嬷嬷等人坐在一辆卡车上，后面是德军的摩托车在追。卡车上的逃亡者们扔车上的南瓜砸向车后的德国追兵。油漆匠只顾抱过南瓜就往下扔，结果忙碌中也抱住乐队指挥的秃头当作南瓜要往下扔。这个抱头动作就是抱瓜动作的连续重复，体现了所谓的机械性。最典型夸张的滑稽机械性，莫过于卓别林在《摩登时代》里所塑造的那位在流水线上拧螺丝的小工人，他在流水线上拧螺丝拧成了机械性行为，还拿着扳手到处拧，甚至把人们的鼻子也当作螺丝来拧。在说到语言的滑稽性时，柏格

---

① ［德］康德著，宗白华译：《判断力批判》上卷，商务印书馆 1964 年版，第 180 页。

森说:"由于僵硬或者惯性的关系,我们说了不想说的话,做了不想做的事,这是滑稽的重要根源之一。因此,'心不在焉'从根本上来说是可笑的。"①"为了使这句话成为滑稽,只消明白显示出说这话的人的不假思索的机械性就行了。"②总之,柏格森虽然没有专门论述口误的滑稽性,但按照他一以贯之的观点,口误也当是因为其机械性而产生滑稽效果。口误确实具有"心不在焉"的特点,如前所述,是在没有经过认真、仔细考虑的情况下所犯的顺口说出的错误。在他看来,"思想也是活的东西。表达思想的语言应该同样也是活的东西。由此可以设想,如果一句话被拧了过来而仍旧保持一个意义(指倒置的手法——引者),或者如果它能毫无差别地表达两组互不相关的意思(指双关的手法——引者),或者如果这句话是由于把一个概念移到它本来没有的色彩而得来的(指移置的手法——引者),那么这句话就是滑稽的"③。口误中也存在柏格森所谓的倒置、移置等现象,如前面所说的词序颠倒造成倒置、形近音近混淆造成移置等。但对这些现象的滑稽性一言以蔽之曰机械性(或僵硬、惯性、心不在焉),却似乎有些勉强。因为机械性、僵硬、惯性,应该说往往是可以预料的,而口误的一大特点却恰恰不可预料。而且,在口误中既有顺从惯性(如说顺了嘴)的情况,也有违反惯性的情况(如词序颠倒)。

这些情况表明,柏格森用机械论解释口误的滑稽性(虽然它在解释其他机械性生命行为时是颇为有效的),似乎不如康德的说法那么简洁合理。

---

① [法]柏格森著,徐继曾译:《笑》,北京出版社出版集团、北京十月文艺出版社2005年版,第75页。
② [法]柏格森著,徐继曾译:《笑》,北京出版社出版集团、北京十月文艺出版社2005年版,第76页。
③ [法]柏格森著,徐继曾译:《笑》,北京出版社出版集团、北京十月文艺出版社2005年版,第80–81页。

五、并非口误（笔误）的仿拟

口误往往出现在熟悉、习惯的表达方式上。熟悉、习惯的表达方式突然出现了错讹，就令人感到意外了。这就是说，口误对熟悉的、习惯的说法进行了改变，瞬间制造了表达的"陌生化"。口误因为突破了熟悉、习惯、耳熟能详的表达方式，所以让人一时感到新奇；又因为口误的产生具有不可预料性，所以口误往往能产生不可多得的滑稽效果。

如果说口误的结果常常是词序颠倒、形近音近混淆（替代）的话，人们还常常有意采用这种方式，来表达与正常形式不同的意思，同样能够产生新奇、陌生、突破常规的效果。例如：

1. "晚年周扬，是他人生交响乐的一个华彩乐章"，因为"他终于'克礼复己'，挣脱了镣铐，打破了牢笼"，"走向民间，人性回归，恢复了自己"。不必讳言因为历史的扭曲，周扬也曾被扭曲，也犯错误，但他的可贵之处是在晚年"昂然高举人道主义大旗"，推动着我国新时期文学的发展。（顾骧《"克礼复己的周扬"》）

2. "披着狼皮的羊"。（杨绛）

3. 王毅谈南海问题：航行自由不等于横行自由。（新华网 2016 年 3 月 8 日）

4. 神马都是浮云。

本来是"克己复礼"，例 1 却变成了"克礼复己"。本来是"披着羊皮的狼"，例 2 却变成了"披着狼皮的羊"。这样的字序颠倒，很容易让人以为是犯了口误的毛病，把话表达反了。但实际上这正是表达者所追求的效果：字词前后颠倒了一下次序，意思就发生了根本性变化，而且合乎情理，正好表达言者的意思。这种修辞手法是有意而为之，属于精心结撰的结果。例 3 中，"横行自由"与"航行自由"一字之差，但意思完全不同，而且，"横"与"航"音近，这里就构成一个很精妙的仿拟词语。仿拟容易出新，让熟悉的词语变得陌生起来，给人耳目一新之感。据说，"神马都是浮云"中的"神马"，是因为用拼音输入法打字时打"什么啊"时省

口误的滑稽性分析

27

掉了"'"，于是自动生成了"神马"。这一错误反而让这句话比"什么啊都是浮云"要生动形象，因为"神马"就是天上飞的东西，所谓天马行空，这样它就与"浮云"具有了相关性——都在天上，不在人间。这样的生动形象，加上"神马"与"什么"的高度谐音，就让它一不小心成了网络流行语。又如"笑果"一词，词典里查不到这个词，就不能当成笔误，这个仿拟"效果"的词所表达的是喜剧作品的效果。又如"杯具"作为"悲剧"的一种仿拟，也有其喜剧色彩，即把一件很严重的事情琐屑化、日常化。这种仿拟是根据汉字的谐音来进行的，一字或一词之改，其意味就发生了反转。

仿拟同样造成一种张力，这就是仿体与原型之间的冲突。仿拟一般是对严肃的原型的仿造，两个文本之间出现风格、内容上的差异，这种矛盾对立就生出新的意味。仿拟既有严肃的仿拟，也有滑稽的仿拟。如果在仿拟中存在降格，就会产生戏谑性的效果，如一些网名，"红袖添饭""人比黄瓜瘦""断肠人在刷牙""唐伯虎点蚊香""我看青山多妩媚，青山看我无所谓"，等等，乍一看似乎是笔误，其实是有意为之，称之为"戏仿"可以，称之为"恶搞"也可以。

当我们判断一句话是口误的时候，是因为我们的心中存有正确的原型。原型是固化、自足的。面对口误，与其说我们是因那些口误的有趣而发笑，不如说我们是在笑那些口误。当我们笑那些口误的时候，实际是在强化原型的固定、自足；而当人们有意改变词语次序或替代词语的时候，就打破了这种原型的固定、自足，对原型实现了某种颠覆，给确定者造成不确定；其形而上的意味，是打破了原型的固定、自足、不可动摇。在这里，就不仅仅是如康德所谓的"紧张的期待突然转化为虚无"，而且是对某种僵硬、刻板、机械的打破，从而显示出灵活、变化和自由来。

中国古典悲剧作品小议

《窦娥冤》：不屈的抗争

《窦娥冤》的作者关汉卿本人就是一位有着铮铮铁骨的文人，他说自己："我是个蒸不烂、煮不熟、捶不扁、炒不爆，响当当一粒铜豌豆。"（关汉卿《不伏老》）在《窦娥冤》中，穷秀才窦天章由于欠蔡婆四十两银子，不得不以四十两银子的价格将七岁的女儿窦端云卖给蔡婆家做媳妇，又得蔡婆资助，得以赴京赶考。窦娥十七岁与丈夫成亲，不到两年，丈夫病死，窦娥守寡。窦娥二十岁的时候，一天，蔡婆去向赛卢医索要借给他的本息。不料赛卢医要勒死蔡婆，蔡婆被张驴儿父子救下。张驴儿父子以此住到蔡婆家，并且要分别娶蔡婆和窦娥为妻，窦娥不从。张驴儿就在窦娥给蔡婆做的汤中下了毒药，想毒死蔡婆，然后霸占她家的财产，强娶窦娥。不料张驴儿的父亲误喝了这汤被毒死。张驴儿恶人先告状，告蔡婆、窦娥毒死"公公"。楚州太守桃杌只管一顿棍棒乱打窦娥。窦娥遭受严刑拷打，仍不"招认"自己毒死了张驴儿的父亲。于是桃杌转而要拷打蔡婆。窦娥不忍婆婆挨打，只得"招"了，承认张驴儿的父亲是自己毒死的。在被冤杀之前，窦娥发下三道预言以证明自己的冤屈："一腔热血休半点儿沾在地下，都飞在白练上"，"身死之后，天降三尺瑞雪，遮掩了窦娥尸首"，"从今以后，着这楚州亢旱三年"。这三个预言都得到应验。

窦天章及第后当了两淮提刑肃政廉访使。一日，正当他在审阅案卷的时候，窦娥的魂魄来到窦天章的梦中诉说自己的冤情，还一再把自己的案卷翻到上面，让窦天章看，于是窦天章重审窦娥毒死"公公"一案。在审问中，窦娥的魂魄到场质问张驴儿，揭露事实真相。卖毒药的赛卢医指证是张驴儿买的毒药。于是真相大白。张驴儿被凌迟处死，桃杌被夺官并

"永不叙用",赛卢医被充军。在这里,一方面展示了社会的丑恶,另一方面展示了窦娥所遭受的苦难以及她不屈的抗争精神。她在案发之时,当张驴儿提出是"官休"(告官)还是"私休"(做他老婆)的时候,她以为自己不曾毒死他父亲,便选择了"见官"。不料太守是"告状来的要金银",小吏是"但来告状的,就是我衣食父母"。悲剧的起因是邪恶的贪欲。在这些恶人组成的社会里,加上窦娥的善良,终于把她推上了被冤杀的刑场。但窦娥在这个被冤杀的过程中,始终是不屈的,即便是死了,也因冤屈没有昭雪而魂魄不散,继续为申冤而努力。这个过程,既可以是个人申冤的过程,也可以看作是对恶人进行惩罚的过程。这里的"团圆",是在悲剧人物遭到毁灭之后的"团圆",是正义终于获得胜利的"团圆"。

《长生殿》:悲与喜的交织

清代洪昇《长生殿》既以"长生殿"为名,表明"长生殿"在整个剧中起着核心关联的作用。它一语双关,既指现实中的长生殿,也指李、杨二人升天,终于实现永不分离的长生之殿。那么,这个长生之殿又是如何达到的呢?直接的原因是二人对爱情的执着坚守,间接的原因是命运。

原来,长生殿是唐玄宗与杨贵妃在七夕对天盟誓的地方:"双星(指牛郎星、织女星)在上,我李隆基与杨玉环,(旦合)情重恩深,愿世世生生,共为夫妇,永不相离……(生又揖介)在天愿为比翼鸟,(旦拜介)在地愿为连理枝。(合)天长地久有时尽,此誓绵绵无绝期。(旦拜谢生介)深感陛下情重,今夕之盟,妾死生守之矣。"(《长生殿》第二十二出)这一出是李、杨在人间爱情喜剧的高潮。如果说此前剧中所渲染的是李隆基对杨玉环美色的喜爱,那么至此,二人的爱情已超越肉体而达到精神的契合。在剧中,李隆基是皇帝,但谈起恋爱来却是一个有情有义的常人。在对待杨贵妃的态度上他也犯过错误,如不能忍受她的嫉妒而把她赶回杨家,他还与另一美人梅娘娘"偷情",等等,但终归是真情克服了这些插曲,插曲反而加深了二人的爱情,从而有了"密誓"这样的爱情高潮。杨贵妃不仅色美,而且艺佳。她梦得天上的《霓裳羽衣曲》,又能在玉盘中起舞，这都是赢得玄宗欢心的因素。但剧中的这些情节在推进李、杨情感的同时，也是在表现他们的欢快无忧的爱情生活。在这里，玄宗不是一个专制、暴戾、好色、无情的皇帝，相反，是一位有情、有义、有才的皇帝。

但不幸的是，杨玉环没有嫁错郎，而李隆基却坐错了位置。他任人不当，让杨国忠为相，导致杨国忠弄权误国；遣安禄山为范阳节度使，导致安禄山打着"清君侧"的幌子起兵反叛，"惊破霓裳羽衣曲"。玄宗与杨玉环在逃到马嵬坡时，六军不发，逼迫玄宗赐死杨贵妃。将士们之所以要处死杨贵妃，是因为她是杨国忠的妹妹，而杨国忠又刚被军士们杀死，他们害怕日后杨贵妃报复。这个原因显示出她的无辜。而杨贵妃面对生死抉择（实际上她没有选择的余地），她不是求生，而是慨然赴死，为了皇上、为了朝廷。这又显示出她的高贵来。

此后的事情，便是唐玄宗无限的相思和悔恨，以及贵妃魂魄的相思怨恨。此后玄宗无意于国事、无意于皇位，有的只是思情恨意：闻雨淋铃而愁怨，见贵妃像而祭祀，回旧地而睹物思人，情思难忘。而贵妃冤魂不散，四处求索。这种相互追寻的高潮，是玄宗还都后召得一术士杨通幽作法，上天入地，终在蓬莱仙岛见到已列仙班的蓬莱仙子即人间的杨玉环，带回她的信物：双钗的一股、钿盒的一半，并约定八月十五天上见。玄宗的忠贞与玉环的痴情感动了上天。牛郎、织女同情他们，极力帮助他们团聚；嫦娥在月中也乐见其成。二人终于在这一天团聚了。织女（天孙）还请得玉旨："咨尔二人，本系元始孔昇真人、蓬莱仙子。偶因小谴，暂住人间。今谪限已满，准天孙所奏，鉴尔情深，命居忉利天宫，永为夫妇。"（第五十出《重圆》）这里既反映了一种命定观念，还表明情深意笃也受到了玉帝的肯定。这两个因素才促成了"永为夫妇"的美好结局。可见，笃情可以超越生死，可以抗拒人间苦难和不公。

《精忠旗》：岳飞的幸与不幸

冯梦龙的《精忠旗》说的是宋朝岳飞抗金遭到秦桧以"莫须有"的

罪名杀害的悲剧。剧中，岳飞出于文臣武将不思抗金复国的义愤，令部将张宪在自己背上刻下"尽忠报国"四个字。岳飞连败金兵，令金兵闻风丧胆，不敢直呼其名，只敢叫"岳爷爷"。正当金兀术准备败走，岳飞准备直捣黄龙，迎回徽钦二帝之时，丞相秦桧用十二道金牌召回岳飞，然后用"莫须有"的罪名害死岳飞、岳云、张宪。在这里，忠与奸的斗争表现为战与和的斗争。岳飞的忠表现在至死不渝的收复山河、迎回二帝，秦桧的奸则表现在他不顾一切的求和，即便丧权辱国也在所不惜。秦桧位极人臣，为什么要这般极力求和呢？剧中说他及其妻子王氏被兀术所俘，兀术待之以礼，还与王氏有暧昧关系。兀术笼络秦桧夫妻，派他们回到宋朝来做奸细。金兀术在打了败仗之后，还写密信给秦桧夫妻，要他们促成媾和之事。为了和，秦桧夫妻就构陷罪名除掉议和的最大障碍——岳飞。

剧中没有直接写宋高宗，但有两处间接的描写，一是在岳飞取得抗金初步胜利的时候，高宗遣使授予岳飞"精忠旗"（这面旗在秦桧抓捕岳飞后被搜走，在岳飞的孙子岳柯申冤后由新皇帝颁旨归还岳家，岳柯把它挂在门庭上），一是秦桧说动高宗处死岳飞的理由："（岳飞）他曾说自己与太祖俱三十岁除节度使，他肚里便想黄袍加身了，那时陛下求为匹夫且不可得，怎能够像今日罢战休兵，安闲自在？"（《精忠旗》第二十四折《东窗画柑》）除了诬陷岳飞有反心，还有一个理由，就是秦桧在阴府受审时说的："他心心要把二帝迎还，却置皇上于何地？"（第三十六折《阴府讯奸》）因此，杀害岳飞至少是得到宋高宗的默许的。据此可以推知，秦桧是杀害岳飞的直接凶手，而高宗则是幕后的真正凶手。高宗要杀死岳飞，目的无非是担心自己皇位旁落。在剧末，当长大成人的岳柯等人向新一代皇帝申冤的时候，似乎宋金没有了战事，新皇帝英明，给岳飞等受难者平反昭雪并加以追赠旌表。

岳飞的不幸，主观上，在其一心尽忠报国、迎回二帝，并且明知与秦桧只有公仇而无私仇，也不与之妥协；客观上，在其生不逢时，遇上了昏君与奸臣。他临死还要向北朝拜二帝，以表赤心。岳飞愈忠，则秦桧愈奸。剧中的煽情，如金人在得悉议和成功后不费吹灰之力就得到宋朝的土地、赔款后的欢庆，对秦桧的夸奖，等等，都只会令人对秦桧咬牙切齿。岳飞的幸，在于他最终舍生取义、杀身成仁，保持了高贵的气节，还在于他的这种忠义精神在当时就得到了人们的公认，这在剧中就得到了表现，如狱卒隗顺偷埋岳飞遗体（第二十六折《隗顺埋环》），布衣刘允升在刑场大骂秦桧奸党（第二十七折《冤斩宪云》），小卒施全刺杀秦桧（第三十一折《施全愤刺》），韩世忠诘问秦桧（第二十二折《世忠诘奸》），以及其他一些官吏在迫害岳飞及家人时的负疚、害怕，都在说明忠肝义胆的岳飞的精神深入人心。相比之下，明末抗清名将袁崇焕就没有这么"幸运"。他不仅被崇祯皇帝判处凌迟，而且当时百姓对他恨之入骨，抢食其肉——他们都认为袁崇焕是投清的叛将。袁崇焕死了，大明王朝也很快就亡了——谁来给他平反呢？

《精忠旗》的结局不是岳飞之死，而是秦桧之死。秦桧死之前碰到鬼了，鬼不仅殴打他，还斥骂他。这鬼是"岳爷爷"差来的（第三十三折《奸臣病笃》）。秦桧派府中押衙何立去泰山岳庙烧香磕头以除鬼祟，但何立在岳庙见到的却是秦桧被鬼神拘押拷打的恐怖场面。秦桧死后在阴府受尽酷刑，被打入永劫不复的地狱。而岳飞等人则被玉帝封官，"考察三界善恶"（第三十六折《阴府讯奸》），办完玉帝的差事后升上天庭去了。这一上一下的结局，正是忠奸善恶的结局。玉帝代表了终极道德，体现了永恒正义。只是有一点，这正义来得太迟了。

在杭州岳飞墓前跪着一对铁铸的男女，它们就是秦桧及王氏。有一副对联说："青山有幸埋忠骨，白铁无辜铸奸佞。"这强烈地表明了人们的爱憎之情。

《清忠谱》：正义对邪恶的抗争

清代李玉《清忠谱》表现明代以周顺昌为代表的东林党人与以魏忠贤为首的阉党权奸的不妥协的抗争。魏忠贤作恶多端、祸国殃民，残酷迫害忠贤正直之士。有奸臣就有忠臣。周顺昌就是一位不屈的斗士。与《精忠旗》中的岳飞不同，《清忠谱》中的周顺昌是主动斗争的。岳飞是被动受害的，其悲剧精神表现在坚持理想而忠贞不渝。在他身上，坚贞便是抗争。而周顺昌是主动出击的。他本可以避祸、不惹祸的，但他不能容忍奸臣的嚣张恶行，于是激起了内心的正义感和责任感，无所畏惧地主动出击。例如，他去看望被魏忠贤抓捕的"罪官"魏大中，并与他联姻。这是对魏忠贤的完全蔑视——你认为是罪人，我则认为是君子。周顺昌的这种行为在魏忠贤看来完全是有意忤逆。又如当李太监、军抚毛一鹭等人在新落成的魏忠贤祠堂举行朝拜魏忠贤雕像大礼的时候，周顺昌主动跑到祠堂痛骂魏忠贤及其爪牙，从而惹下杀身之祸。又如，在魏党审讯他的时候，他不仅痛骂而且用枷锁痛打审讯他的倪文焕、许显纯。最后他被奸贼害死在狱中。

周顺昌刚直忠贞，廉洁清贫，他在德行的各个方面都是完美的。他曾做过吏部员外郎，这本是个肥缺，但他却两袖清风，家徒四壁，冬天家里没有火烤，门生来访只能喝很差的村酒，出门访问文老爷也坐不起轿子。这样一位清官、好官，当然受到正直之士和百姓的爱戴。于是就有了颜佩韦、杨念如等五位义士领头"闹事"，阻止对周顺昌的抓捕，还因此打死了一个旗官，以致五位义士惨遭杀害。

本剧还畅快淋漓地表现了魏党的瓦解和东林党人的胜利。剧情转折的契机是旧皇帝的驾崩与新皇帝的登基。魏忠贤被流放去守皇陵，在途中上吊自杀；倪文焕、许显纯被百姓沿途殴打，逼吃大粪，又受到严刑拷打。魏忠贤的祠堂被四方百姓瞬间捣毁。其中对魏忠贤雕像脑袋的处理显出人们对魏忠贤的痛恨。其头像在此前被他的干儿子奉为神灵，现在这个"高贵"的头颅却被百姓拿来祭奠周顺昌和五位义士，然后被焚烧成灰。这一切当然大快人心。如同《精忠旗》一样，周顺昌和五位义士死后被玉帝封为应天城隍和五方功曹，他们的家人、家庭也都受到朝廷的旌表。奸邪彻底失败，忠良完全胜利。

周顺昌在剧中完全是一个正义的"大我"，他没有什么私情，所有的私情也都是"大我"之情。例如，在得悉朝廷即将来抓捕他的时候，家人问他有什么要交代的，他想来想去，想起了一件未了之事，就是他曾答应给一寺庙题字，但因忙碌而未遂其言。在临别之际，他给寺庙题下了"小云栖"三个字，了却了一桩心事。临危挥毫，可见其从容大义。另一件私事是当其子周茂兰化装混进大牢，见到一息尚存的周顺昌，周顺昌所做的交代，就是赶紧把女儿送到魏大中家里去完婚。这是他的最后遗愿，可见其一腔正气。

《赵氏孤儿》：正义的代价

在纪君祥的元杂剧《赵氏孤儿》中，晋国朝廷文武不和，大将屠岸贾杀死大臣赵盾一家三百口，只有赵盾逃脱，其孙赵氏孤儿幸得各位义士冒死相救，得以存活。剧本一开始就是激烈险恶的谋害。屠岸贾训练神獒追咬赵盾，将其定性为奸臣。赵盾逃走，赵盾一家三百余口无辜被害。在谋害赵氏孤儿的过程中，驸马赵朔遇害，公主在向程婴托孤后为了让程婴没有顾虑也自缢。门人程婴用药箱装着孤儿遇到将军韩厥的检查。韩厥明知"我若把这孤儿献将出去，可不是一身富贵？但我韩厥是一个顶天立地的男儿，怎肯做这般勾当！"（《赵氏孤儿》第一折）为了让程婴消除韩厥事后告发请赏的顾虑，韩厥放过程婴后自杀了。屠岸贾见走了赵氏孤儿，便下令："把普国内但是半岁之下、一月之上新添的小厮，都与我拘刷将来，见一个剁三剑，其中必然有赵氏孤儿。"（《赵氏孤儿》第二折）程婴带着赵氏孤儿来到公孙杵臼的庄上，二人商议，由七十岁的公孙杵臼带上程婴尚未满月的儿子，然后由程婴去向屠岸贾"揭发"公孙杵臼藏着赵氏孤儿，而抚养赵氏孤儿长大之后复仇的重任就落在四十五岁的程婴身上。当屠岸贾怀疑程婴是假举报的时候，程婴说："我一来为救普国内小儿之命，二来小人四旬有五，近生一子，尚未满月，元帅军令，不敢不献出来，可不小人也绝后了""虽是救普国生灵，其实怕程家绝户"。（《赵氏孤儿》第三折）屠岸贾当着程婴的面三剑刺死"赵氏孤儿"，公孙杵臼撞阶而死。屠岸贾认程婴为心腹之人，因无子嗣，收程婴的"孩儿"即赵氏孤儿为义子，改名为屠成。二十年过去了，屠成学得十八般武艺，长大成人。屠岸贾十分喜爱屠成，甚至打算杀了晋灵公，夺了晋国，将自己的官位"都与孩儿做了"。屠成在程婴这里叫程勃。程婴将从前屈死的忠臣良将画成手卷，诱引程勃来看。于是程婴给他讲述了赵氏孤儿的悲惨往事，程勃（屠成）知道了自己的身世，生起对屠岸贾的仇恨，第二天就抓住了屠岸贾，让他被千刀万剐而死。晋悼公给所有义士或封赏或旌表，赵氏孤儿恢复赵姓，赐名赵武。

《赵氏孤儿》的悲剧性完全是由屠岸贾的疯狂仇恨而杀戮造成的。屠岸贾越疯狂、残忍，义士们为救孤所要承担的风险和牺牲就越大，因而所表现出来的悲剧精神就越强烈。在这里，正义与邪恶展开了激烈的冲突。被派去刺杀赵盾的刺客钼麂因不愿做这种不义之事而触树而死；提弥明在殿上打死屠岸贾放出的恶犬，救得赵盾；曾被赵盾所救的饿夫灵辄关键时刻给赵盾扶轮策马，救出赵盾；韩厥放走程婴，自杀而亡；公孙杵臼触阶而死；程婴冒险救出赵氏孤儿，让自己的孩子去冒名顶替赵氏孤儿。这些惨烈的事迹都是在屠岸贾这一邪恶人物的疯狂杀戮中展开的。

在中国传统悲剧中，悲剧人物完全成了社会道德、良知、正义的化身和实践者。他们或者忠君爱国，或者廉明正直，或者坚贞守义，或者情笃意深，等等，做了人们希望做而不能做、做不到的事情，主持了正义，打击了邪恶，体现了社会理想，成为人们崇敬的悲剧人物。因此，悲剧人物与其对立面的冲突就在正邪分明的情境中展开。

同西方悲剧一样，中国悲剧也表现激烈的冲突。但是，西方悲剧常常把悲剧人物置于两难的窘境。如《哈姆雷特》中，哈姆雷特一方面要复仇，另一方面仇人又是自己的叔父和母亲；一方面要履行复仇的责任，另一方面这又意味着要杀害作为万物之灵长的人的生命；一方面要通过复仇来恢复正义，但另一方面又要考虑其父亲当初夺取王位的罪行；一方面与奥菲利亚有着真挚的爱情，另一方面她的父亲又是投靠新国王的大臣；等等。哈姆雷特的延宕就是因为要在这些两难的窘境中作出艰难的抉择而造成的。正因为两难，悲剧人物的选择和行动就需要更大的决心和勇气。中国悲剧则不注重人物的两难境地的表现，而是让人物义无反顾地投入与邪恶势力的对立和冲突中。

这一点在《清忠谱》中表现得很突出。周顺昌没有丝毫的犹豫，没有对身家性命的顾及，跟阉党也没有什么情义可讲，因而在冲突中是毫不犹豫、毫无顾忌、毫不留情的。这种黑白清楚、善恶分明的表现，固然降低了悲剧冲突的复杂性，但却让冲突更加激烈。纪君祥的《赵氏孤儿》中，程婴冒死救出赵氏孤儿，在屠岸贾发令要杀死晋国半岁以下一月以上的全部"小厮"的时候，程婴把自己刚出生不久的儿子交给公孙杵臼，让公孙杵臼连同自己的孩子一起遇害。在这里，程婴应当是有两难的，一方面是自己的儿子，另一方面是赵氏孤儿；一个是亲情，另一个是正义，到底选择哪一个呢？这是要有牺牲精神的。但这种两难，不涉及邪恶的一方，也即程婴与屠岸贾没有什么瓜葛，没有什么顾忌，因而这种两难还不是严格意义上的两难。正因为没有这种两难的处境，所以悲剧人物在道德上是完美的，在言行上是无瑕的，在行动选择上是毫不犹豫的。

《汉宫秋》：弱女子的情与义

马致远的《汉宫秋》演绎的是"昭君出塞"的故事。根据《汉书·匈奴传》和《后汉书·南匈奴传》的记载，当时汉朝国势强盛，匈奴单于是来朝请求和亲的；而王昭君是当时进宫数年不得见御才主动要求和亲的，而且最终嫁给了呼韩邪单于。另据《西京杂记》载，汉元帝后宫嫔妃甚多，不得常见，于是派画工画下她们的形貌，按图召幸。于是宫人嫔妃都贿赂画工。王昭君则不肯贿赂画工，于是就得不到皇帝的召幸。匈奴入朝求美人为阏氏，元帝选了王昭君。待见到王昭君时，发现她美丽异常，为后宫第一，便有些悔意，但出于信誉，又不能更换。元帝追查此事，将画工都给杀了。毛延寿只是这些被杀的画工之一。《汉宫秋》在敷演"昭君出塞"的悲剧故事时做了艺术的改造。

在《汉宫秋》中，王昭君与汉元帝是情深义重的恩爱夫妻；中大夫毛延寿在点污昭君画像的奸行败露后携美人图叛国投敌，匈奴单于按图索要昭君为阏氏；由于汉朝势弱，国无良将强兵，匈奴大势南侵，汉朝江山难保。在这种情况下，在大臣以"纣王只为宠妲己，国破身亡""咱这里兵甲不利，又无猛将与他相持"劝谏元帝时，元帝一方面申辩自己并不是纣王，另一方面怨恨朝中没有英雄，斥责那些要用昭君和亲的大臣："昭君共你每有甚么杀父母冤仇？""若如此，久已后也不用文武，只凭佳人平定天下便了！"从这里可见，元帝在治理朝政方面并无过错，不像《长生殿》中的唐玄宗。唐玄宗不顾百姓苦辛，重用奸臣杨国忠，信任边将安禄山，是犯有过错的悲剧人物，其爱情悲剧他是有责任的。汉元帝的爱情悲剧主要是国势弱、匈奴强、奸臣叛国造成的。可贵的是，昭君虽蒙元帝宠爱，但深明大义，"妾既蒙陛下厚恩，当效一死，以报陛下。妾情愿和番，得息刀兵，亦可留名青史。但妾与陛下闺房之情，怎生抛舍也！"她情愿和亲，一是为了报答皇帝的厚恩，二是可以青史留名，但割舍不下的是与皇上的爱情。在送昭君去匈奴和亲一事上，元帝实在是无可奈何、痛苦不堪的，除了怨恨，除了痛惜，除了留恋，除了怀想，他实在是没有办法了："谁似这做天子的官差不自由！"而昭君的和亲，也是满怀哀情的："妾这一去，再何时得见陛下？把我汉家衣服都留下者。（诗云）正是：今日汉宫人，明朝胡地妾；忍着主衣裳，为人作春色！"不愿为胡妾、为他人作春色的情感，正体现了她对爱情的忠贞。

在昭君辞汉之后，剧中对元帝的怀想有十分生动真挚的表现："【七兄弟】说甚么大王、不当、恋王嫱，兀良！怎禁他临去也回头望。那堪这散风雪旌节影悠扬，动关山鼓角声悲壮。【梅花酒】呀！俺向着这迥野悲凉。草已添黄，兔早迎霜。犬褪得毛苍，人搠起缨枪，马负着行装，车运着糇粮，打猎起围场。他、他、他，伤心辞汉主；我、我、我，携手上河梁。他部从入穷荒；我銮舆返咸阳。返咸阳，过宫墙；过宫墙，绕回廊；绕回廊，近椒房；近椒房，月昏黄；月昏黄，夜生凉；夜生凉，泣寒螀；泣寒螀，绿纱窗；绿纱窗，不思量！【收江南】呀！不思量，除是铁心肠；铁心肠，也愁泪滴千行。美人图今夜挂昭阳，我那里供养，便是我高烧银烛照红妆。"在番汉边界的黑江，王昭君投河而死。

单于意识到匈奴与汉朝的这番"仇隙"都是毛延寿搬弄出来的，便将他交给汉朝，后被斩首；而番汉"依还的甥舅礼，两国长存"。

《娇红记》：仙游乐乎？

明代孟称舜的《娇红记》说的是娇娘与申生的爱情悲剧。申纯与王娇娘是姑舅老表（申纯的母亲与娇娘的父亲是兄妹）。亲戚关系使得他们有了见面的契机，从而产生感情。申生到王家，第一次是受父母之托去拜见母舅，当然也有探询亲事之意。第一次相见就让申生与娇娘一见钟情。第二次去王家是申生因病托言寻医，这次相会使得申生与娇娘有了"密约"，娇娘剪下一片袖子赠予申生。第三次去王家是因为申生装病，找巫婆禳鬼，说是西南方数百里可避鬼，那个地方正好是娇娘家所在的地方。这一次二人有了盟誓。［此后二人有一次路上的短暂相见。王父任职期满回成都，路过申家时申生赶去相会，得到娇娘赠给的"香佩一枚"，"内有金绡团凤，以真珠百粒，约为同心结"，娇娘赠他此物，是为了让申生"见物思人"。（第三十五出）］第四次是申生科举中榜来舅家报喜。此次相会，申生与娇娘有些误会，一是申生与外形如同娇娘的鬼魂夜夜相会，并按鬼魂的嘱咐而不向娇娘提及夜里的相会之事。这个节外生枝颇有些意思。这个鬼魂是有意装成娇娘来与申生谈情说爱的。可见，连鬼魂也是需要和懂得男女风情的。这引起了娇娘的疑惑。二是娇娘误以为申生薄情，又恋上了丫鬟飞红，因为他此前手中曾有过一张飞红的诗笺。二人一番问答，疑情尽释。这种情节，一来增加了剧情的传奇性，二来加深了二人的情感，怀疑消失，信任增强。最后一次相会，是申生得悉娇娘病重，躲着父母雇舟而来。此次二人有生离死别之感。可见，二人的相见颇为不易，而每见一次，二人的相知便增加一分，情感便加重一分。

二人的情不得遂，在前是王父有嫌贫爱富之心（名义上是朝廷有姑舅不得结亲的规定），待申纯中了科举，前程一片光明的时候，王父就应允了这门亲事。在后则是受到帅公子的威胁利诱。帅公子纯是好色。他看到娇娘的画像之后便茶饭不思，利用其父是西川节镇的威势来强娶娇娘。当申生无望地说"离合悲欢，皆天所定。帅子既来求婚，亲期料应不远，小生便当告别。今生缘分从此诀矣，你去勉事新君"之时，娇娘怒道："兄丈夫也，堂堂六尺之躯，乃不能谋一妇人。事已至此，而更委之他人，兄其忍之乎？"（第四十三出）面对无法逾越的障碍，娇娘的决绝之心和凛然之气溢于言表。娇娘最终抑郁而死，申生也绝食而亡。跟其他悲剧不同的是，这里没有激烈的外在冲突。这里是有抗拒而没有冲突。没有仇恨，也没有行动。哪怕对于造成悲剧的直接原因——帅公子的逼婚，他们也没有采取什么行动。对于这个打散鸳鸯的棒手，娇娘和申生并没有心生仇恨。他们在怨，怨而不怒；而他们怨的是什么呢？怨的是命。

二人死后合葬一处，并位列仙班，游历旧园。虽然成仙，看起来无边快乐，但想到活着时在人间遭遇的生离死别，不免感叹唏嘘。特别是见到双方的亲人在自己的坟头祭奠，他们也只能化作一对鸳鸯飞翔上下。（第五十出）这就是说，仙不如鬼，鬼可化作人形与人相会，而人仙则有天壤之隔。他们可以看到人世的悲哀，人世却不能看到他们的快乐。这是一种快乐，还是一种悲哀呢？

剧中说："算前和后，只有恩情最难朽。君不见，鸳鸯冢，千载锦江头。"（第五十出）这是对真挚爱情的赞美，把爱情上升到"最难朽"的高度加以肯定，也是对《牡丹亭》中因情而死、因情而生的"有情观"的一种肯定。

《雷峰塔》：人妖之间的一曲悲歌

清代方成培传奇剧《雷峰塔》中，一条修炼千年成精的蛇仙，为了到人间"度觅""有缘之士"而到临安，不料却痴爱上了一个贫穷小生，以致遭受磨难，被镇压于雷峰塔下。没有"度脱"一人，反将自己给搭上。这一番人蛇之恋，颇为震撼人心。

这场人蛇之恋是注定的，其结局也是注定的。剧本的第二出《付钵》表明，如来佛已料到白蛇将与许宣（俗称"许仙"，前身为佛祖座前捧钵侍者）有一段宿缘，将生出一件"孽案"，"恐他逗入迷途，忘却本来面目"，于是令法海持钵携塔前来收伏蛇妖，永镇雷峰塔下，同时接引许宣"同归极乐"。谁也跳不出如来佛的手心。知道这一点，也就会感到此后白娘子的任何努力和抗争都是徒然的，也就对她的痴爱心生怜悯。白娘子在西湖上与许宣偶遇是其宿缘的体现。二人可谓一见钟情。许宣在这里不是以才取胜，而是以俊俏、善良赢得白娘子的喜爱。他不仅让处于"困境"（白蛇摄起的大雨）中的白娘子上船躲雨，还专门去取伞来给白娘子遮雨。但此后他的表现却不太好，一有事他就不讲情，就将白娘子供出来。当他做捕快的姐夫发现他用的是官府丢失的银锭时，就立即供出了白娘子，自己则服从安排，躲到姑苏王敬溪家；当他因戴八宝明珠巾（萧太师家所失）而被捕时，也毫不犹豫就供出白娘子，移配镇江后也不恋旧情；道士魏飞霞说他为妖怪所缠时，他就把道士给他的两道灵符带回准备降妖；法海要他留在金山寺，他也就留在金山寺，任法海与索夫的白娘子斗法；等等，难怪白娘子和青儿骂他薄情。不过，这也似乎情有可原，因为白娘子毕竟不属于"人类"，人妖之恋违背伦理，更何况祸福难料。事实上，不论白娘子是如何为了许宣，她却总是无意中给他带来灾祸。这一点导致他对她唯恐躲之不及，何况在端阳节他目睹了白娘子饮了雄黄酒之后现出的原形，这一惊吓对他来说应当是刻骨铭心的。不管白娘子如何痴爱他，事实上也从未加害于他，但在他的心目中她毕竟是妖怪，这是他们之间不可逾越的鸿沟。

白娘子这个人物确有可爱之处，如每当许宣起了疑心并逃避她的时候，她总能用一番合乎情理的谎言说服许宣，与之情归于好。也许她早就料到作为蛇仙的她与作为人的许宣之间的婚姻总是要遭遇各种磨难的，所以对于他的逃避她总是能够理解、原谅，因而总是想法纠缠他并让他回到自己身边。她的灾难甚至是因为她太爱、太顺从许宣而来的。例如：端午节许宣敬她酒，她推辞不得才有酒后现形，才有去嵩山南极仙翁处求取还魂仙草的曲折；她凭自己的机智和法力，破除了魏道士的灵符；许宣要去金山寺，她意识到此去将会坏了好事，但许宣执意要去，她也没有强力阻拦，以致法海"点悟"许宣，许宣滞留金山寺，她与法海斗法，水漫金山；等等。该剧最为动人的地方，是第十九出《虎阜》。当许宣"请示"可否去虎丘游玩时，白娘子不仅赞同，还用新衣服和偷来的八宝明珠巾把许宣装扮一新，待许宣走后，她对小青说："青儿，你看我官人打扮起来，好似潘安再世、宋玉重生，果然好齐整也。"其喜悦之情溢于言表。这一出虽然不是写情，而是写许宣的被捕，但通过妻子对丈夫的打扮和赞赏，表现了妻子的真情。这和她在断桥上对许宣的责骂恰成对比。在第二十六出《断桥》中，腹中阵痛的白娘子斥责许宣"这般薄幸"，而被法海送回的许宣因惧怕而逃避她们二人，最后是硬着头皮来见白娘子，并按法海所指点的把所有责任都推到法海身上了。

法海与许宣定下收伏白娘子的计策（第二十八出《重谒》）。这时的许宣已完全把白娘子当妖，完全站在法海的一边，只是残留一点"夫妻之情"，"不忍下此毒手"，才改由法海亲自去收伏白娘子。而此时白娘子还在沾沾自喜："喜得生下个满抱孩儿，也不枉我与他恩爱一场。""且喜生下个宁馨孩儿，得传许门后嗣，也不枉我受许多磨折。"（第二十九出《炼塔》）一个无情，一个有情，两相对比，很是鲜明。当白娘子被镇在雷峰塔下，许宣到了西方极乐世界，双方似乎没有任何牵挂。白娘子只牵挂自己的儿子。

中了状元的许士麟回乡祭塔，对其父许宣和法海是一顿痛骂："追思吾父误信谗言，弃家方外，致令母亲身遭镇魇，抱恨重泉"，"我想法海那贼秃，好不可恨人也！陷害我亲娘，无端施诡辨。便做道法力无边，那曾见离间人骨肉的奸徒"。（第三十二出《祭塔》）白娘子对他说："但愿你日后夫妻和好，千万不可学你父亲薄幸！"（第三十二出《祭塔》）许宣虽然成了佛前弟子，但终归在人间落下"薄幸"之名。最后，虽然白娘子因其子而提前释放，升天成仙，还在这一刻与许宣见了面，二人似有话说，但法海劝道："你两人的情事，都放下不用说了。"最后二人乃至全体都达成和解："猛回头笑杀从前。"（第三十四出《佛圆》）这种悟道之后的和解很勉强，按俗人的看法，白娘子失去了许宣，有情人（何况无情）未成眷属，而白娘子与其子则有天人之隔。

《桃花扇》：另一种坚守

清代孔尚任《桃花扇》这部悲剧的主线是侯方域与李香君的爱情悲剧。李香君不仅敬慕东林党人，痛恨魏党，而且有着坚贞的节操。当她得知杨文骢送来的妆奁实是魏党阮大铖所送时，坚决拒绝了妆奁，并痛责似有妥协之意的侯方域："官人是何说话，阮大铖趋附权奸，廉耻丧尽；妇人女子，无不唾骂。他人攻之，官人救之，官人自处于何等也？"（《桃花扇》第七出《却奁》）她拒嫁高官田仰。当同属马士英一党的田仰派杨文骢来强娶李香君的时候，李香君不仅用扇乱打杨文骢，还一头撞到地上，血溅诗扇。（《桃花扇》第二十二出《守楼》）

当李香君这么一位歌伎都能善恶分明、坚守节操的时候，整个南明王朝却已腐败透顶。一、刚刚登基的福王只顾声色犬马，他不在意"流贼南犯""兵弱粮少""正宫未立""叛臣欲立潞王"，而在意排演《燕子笺》："今日正月初九，脚色尚未选定，万一误了灯节，岂不可恼。"（第二十五出《选优》）看到朝廷如此败坏，武昌总兵左良玉愤懑地说："我辈戮力疆场，只为报效朝廷；不料信用奸党，杀害正人，日日卖官鬻爵，演舞教歌，一代中兴之君，行的总是亡国之政。"（第三十一出《草檄》）二、朝中的马士英、阮大铖们则大肆捕杀、迫害东林党人等正直之士，结党营私，打击报复。他们在左良玉起兵"清君侧"的时候，调动江北四镇的兵马来阻止左良玉，宁可把江北都交给清军，也不能让左良玉过得江来。三、手握重兵的江北四镇，不仅不听史可法的帅令，甚至为了座次而互相争斗。当福王逃到黄得功军营时，同是三镇将领的刘良佐、刘泽清前来"抢宝"："哥哥得了宝贝，竟瞒着两个弟兄么？""今日还不献宝，等到几时哩？""把弘光送与北朝，赏咱们个大王爵，岂不是献宝么？"（《桃花扇》第三十七出《夺宝》）四、上层如此，下层百姓和兵士又当如何呢？当一腔忠勇的史可法在城头察看军情时，听到兵士们议论："北兵已到淮安，没个瞎鬼儿问他一声，只舍俺这几个残兵，死守这座扬州城，如何守得住。元帅好没分晓也！""罢了！罢了！元帅不疼我们，早早投了北朝，各人快活去，为何尽着等死。""我们降不降，还是第二着，自家杀抢杀抢，跑他娘的。只顾守到几时呀！"史可法悲叹道："分明都有离叛之心了。（顿足介）不料天意人心，到如此田地。"史可法是靠哭出血来才让手下的这些士兵坚定了抗清的决心。（《桃花扇》第三十五出《誓师》）而那些秦淮歌伎听说清军要来，竟然兴冲冲地说："俺们是不怕的；回到院中，预备接客。""老爷不晓得，兵马营里，才好挣钱哩。"（《桃花扇》第三十六出《逃难》）从剧中这些情节可看出，南明王朝的迅速灭亡实在是必然的。当上层腐败、下层涣散的败局已成的时候，史可法、东林党人们试图拯救天下的宏愿实在是无法实现了。这就是大厦将倾、独木难支的悲剧。个人的悲剧又实在是国家、时代的悲剧。

《桃花扇》的结局颇值得玩味。侯方域与李香君经历了生离死别之后，终于在国破家亡的背景下相会于山中的白云庵。当二人正话衷肠的时候，遭到挂冠修仙的道士张瑶星的一番断喝："当此地覆天翻，还恋情根欲种，岂不可笑！"侯生辩解道："此言差矣！从来男女室家，人之大伦，离合悲欢，情有所钟，先生如何管得？"张瑶星怒道："呵呸！两个痴虫，你看国在那里，家在那里，君在那里，父在那里，偏是这点花月情根，割他不断么？"一番话，让侯生"冷汗淋漓，如梦忽醒"。最后，侯生向南山之南修真去了，李香君向北山之北学道去了。(《桃花扇》第四十出《入道》)这就是说，二人终于割断了情根，遁入空门，成了世外之人了。剧中的修真学道一方面成了侯、李二人彻底解脱的路径，另一方面也将二人的悲剧进行到底。剧中主要人物有抗争、有苦难，但没有毁灭（他们爱情的信物和象征的桃花扇则被张瑶星撕毁），然而这里有一样二人当初最为执着的东西被毁灭了，它就是二人的爱情。在抗争和苦难中二人因爱情而激发出来的热情和生命力随着他们的遁入空门而彻底熄灭了。这是一种异样的悲剧。

《琵琶记》：苦难的价值

元代高明《琵琶记》中没有太突出的冲突和抗争。即便有，如蔡伯喈的不愿赴选，中状元后不愿入赘牛太师府，但他很快便迫于压力而顺从了父亲、牛太师。他也没有遭受太多的苦难，顶多只是有家不能顾的思念和内责。剧中的悲剧性，主要体现在赵五娘所遭受的苦难上。在生活中，苦难看起来是无目的、无意义的，但在剧中，苦难却有其目的和意义。这个目的和意义，就是彰显赵五娘对苦难的忍受和经过考验的忠贞精神。这种忍受看似消极无奈，却也积极主动。赵五娘不仅自己要受苦，还要想法伺候公婆，典型的事情如：躲着公婆吃糠，反被公婆误以为吃好的；卖掉首饰衣裙换吃的；求得赈济稻子之后又被恶人里正抢走；卖掉自己的头发收葬公公；背着琵琶卖唱千里寻夫；等等。这里有亲情，如把公婆当舅姑；有责任，媳妇就是要尽孝道；有追求，要有一个好的名声（这种讲人伦孝道的责任和追求与牛小姐相同。牛小姐不可能一开始就对蔡家公婆有情感，但出于礼义还是要求回夫家去祭拜公婆）。苦难中显真情，苦难中见忠贞，苦难中成美名，赵五娘都做到了。蔡伯喈在赵五娘受苦的时候，却处于幸运之中，先是中了状元，后是被牛太师招为女婿，娶的牛小姐美丽漂亮而知书达理，又被皇上任命了官职。他除了思家念亲、有些郁闷之外，日子过得很好。但这些好处却是违背其本意的，他向父亲辞考，父亲不允；向牛太师辞婚，太师不准；向皇上辞官，皇上不让。因此，蔡伯喈看起来是不应当为赵五娘的悲剧负责的，虽然他不赴考、能辞婚、辞官而回家，其父母、妻子就不会遭受这些苦难。

　　苦难如同冲突一样也要产生一个结果。这个结果能否视为苦难的目的或意义呢？如果没有这个结果，对于苦难剧来说，苦难就没有意义或价值了。在《琵琶记》中，苦难的结果是大团圆：赵五娘与蔡伯喈相认，牛小姐甘居次位，但赵、牛却以姐妹相称；蔡伯喈携二位妻子回乡省亲，牛太师讨得诏书旌表蔡家一门；蔡伯喈又携二妻遵旨回京，牛太师暮年又与女、婿团圆。这个结果满足了所有人的愿望，是真正的"大"团圆。这种结局，同时也是对苦难者的鼓励，使受苦的人不致丧失信心和希望。"吃得苦中苦，方为人上人。"这样的苦如果指苦难，也是成立的。其实，在剧中，大团圆只是对遭受苦难的人物的一种奖赏。剧中的苦难，是对人物的考验，是对人物坚贞情操的考验和彰显。苦难历程不仅是赵五娘爱情与家庭责任即所谓孝道的展现过程，同时也证明她具有这种高尚情操。她在苦难面前没有退缩、放弃，而是苦苦坚守。这种精神不是非常崇高吗？赵五娘的苦难与《圣经》中约伯遭受的苦难的意义似乎相同：苦难中的执着坚贞是能感动上苍得到回报的。这就是"否极泰来""苦尽甘来"。苦难不仅有尽头，而且会带来美好的结果。但对于那些因苦难而死了的人来说，这美好的结果又在哪里呢？在天上。上天的存在，不仅意味着终极正义的存在，而且意味着终极报应的存在。这是对人们的麻醉还是鼓舞呢？

关于"美感的神圣性"思想及其对高校美育的启示

张世英先生《境界与文化——成人之道》一书中提出了"美感的神圣性"这个美学观点:"我很想在人们一般讲的美的诸种特性如超功利性、愉悦性等之外,再加上一条神圣性。"他说,这种神圣性,并不是对超验的人格意义的上帝的信仰;不过,"神圣性"一词,似乎又是一种与宗教崇拜相似的情感:"我认为我们未尝不可以从西方的基督教那里吸取一点宗教情怀,对传统的'万物一体'作出新的诠释,把它当作我们民族的'上帝'而生死以之地加以崇拜,这个'上帝'不在超验的彼岸,而就在此岸,就在我们的心中。这样,我们所讲的'万物一体'的境界之美,就不仅具有超功利性和愉悦性,而且具有神圣性。"[1]

张世英先生提出的这个思想,得到叶朗先生以及阎国忠先生、杨振宁先生等学者的赞同和深入阐发,使之成为一个具有原创性且结合了中西美学思想、具有丰富内涵和很强生发性的思想。这个思想在当下是具有现实意义的。美感的神圣性思想赋予了美感更多更高的内涵。美感的神圣性讲超越,但不同于一般审美的超越(一般所谓审美超越,是指对目的性、功利性的超越),而是讲高远的境界;美感的神圣性讲崇拜、讲敬畏,但不是对宗教人格神的崇拜、敬畏,而是对"万物一体"境界的崇拜、敬畏。

美感的神圣性是否神秘莫测,抑或美感的神圣性有何表现呢?对于美感的神圣性,叶朗先生有这样生动的描述:"美感的神圣性可以来自不同的方面,但我觉得它们都有一些共同点,即都是一种灵魂的颤动,都指向一种终极的生命意义的领悟,都指向一种喜悦、平静、美好、超脱的精神状态,都指向一种超越个体生命有限存在和有限意义心灵的自由的境界。在

---

① 《张世英文集》第 7 卷,北京大学出版社 2016 年版,第 260 页。

这个时候，人不再感到孤独，生命的短暂和有限不再构成对人的精神的威胁或者重压，因为人寻找到了那个永恒存在的生命之源。"① 也就是说，美感的神圣性指向现实人生，又超越个体有限存在，进而达到天人合一、"万物一体"这个无限的境界，感受到那种崇高神圣的美。可见，美感神圣性命题所要解决的问题是现实的问题、存在的问题、人生价值的问题。

一、美感的神圣性源自"万物一体"的境界

张世英先生所说的具有神圣性的美感，是有确切所指的，这就是"万物一体"境界所具有的美感："具有神圣性的'万物一体'的境界是人生终极关怀之所在，是最高价值之所在，是美的根源。"② 张世英先生还认为"万物一体"是真善美的统一体："我认为，'万物一体'既是美，又是真，也是善：就一事物之真实面貌只有在'万物一体'之中，在无穷的普遍联系之中才能认识到（知）而言，它是真；就当前在场的事物通过想象而显现未出场的东西从而使人玩味无穷（情）而言，它是美；就'万物一体'使人有'民胞物与'的责任感与同类感（意）而言，它是善。"③

"万物一体"的思想源远流长。如王阳明对它就有非常清晰明确的表述。他说："仁者以天地万物为一体""无人心则无天地万物，无天地万物则无人心，人心与天地万物一气流通"。张世英先生将"万物一体"作为人生的最高境界来看待，也就是说，"万物一体"不仅仅是一种哲学本体论，更是一种人生哲学或人生的理想。这是他对先贤的超越。他说："天地万物本来是一气相通的无尽的整体，也就是'万物一体'乃存在之本然。我们平常所直接接触到的只能是在场的东西，但我们可以凭着想象力，把无穷无尽的未出场的万事万物与当前在场的东西综合为一体，这也就是我们对'万物一体'的一种体悟，或者说是达到了'万物一体'的境界。"④

① 叶朗：《把美指向人生》，《光明日报》2014 年 12 月 17 日。
② 张世英：《境界与文化——成人之道》，人民出版社 2007 年版，第 245 页。
③ 张世英：《万有相通：哲学与人生的追寻》，北京师范大学出版社 2013 年版，第 150 页。
④ 张世英：《万有相通：哲学与人生的追寻》，北京师范大学出版社 2013 年版，第 149 页。

这是一种很高的"觉解"。这种"觉解"让我们对世界、对人类、对生命、对自身有一个自觉的、明确的把握，从而确立自己的地位，确立自己对世界的态度、胸襟。这种"觉解"的一个重要方式便是想象。想象让人超出自我的界限，让人打破物我二分的藩篱，进入一种与外物乃至万物相融相通的状态。这种万物间的相融相通，不仅是人所意识到的"虚拟"的状态，而且是人所能体验到、感受到的状态。如同"万物静观皆自得，四时佳兴与人同"，既是一种意识到的状态，也是一种体验到的状态。在想象中，人推己及人、以己度物，把自己的情意赋予外物，于是有了"相看两不厌，唯有敬亭山"，有了"我见青山多妩媚，料青山见我应如是"。

"万物一体""一体之仁"的思想似乎更重实践，更重与生活的结合，更重个人的意识和感受。张世英先生的描述，就可以说是对一种感受的生动描述："中国人讲'民胞物与''天人合一'，老百姓都是我同胞骨肉兄弟，自然物都是我的同类，我觉得他们的疼痛就是我自己身上的疼痛，这是一种最高的心灵之美，在这种心灵之美中，我对你好，不是出于'应该'，我比这还要高，你就是我的骨肉，你手指疼跟我自己疼是一样的，我们两个人是人我一体，人我不分，万物一体，万物一体就是'仁'，所谓'一体之仁'是也。这样的一种心灵，不是一般的声色之美，这是最高的心灵之美。这种美真是具有神圣性的美！"[①]通俗地说，"一体之仁"是一种"博爱""大爱"，不仅是对同类的关爱，也是对万物、对世界的关爱，并由此产生一种"形而上"的喜悦。

这种"一体之仁"不仅仅是作为一种思想、理念，而且不乏生动而典型的实践。例如，郑板桥对鸟的爱就生动地体现了这种"一体之仁"。郑板桥反对在笼中养鸟，认为以这种方式养鸟不公平，是图自己的快乐而违背了鸟的天性的。那么如何养鸟才好呢？他说："欲养鸟莫如多种树，使绕屋数百株，扶疏茂密，为鸟国鸟家。"这样，在树林中鸟儿们自由自在地生活，它们的歌唱飞跃又可以给主人带来极好的视听之娱——这不就是一种人鸟和谐相处的美丽之境吗！他说："夫天地生物，化育劬劳，一蚁一虫，皆本阴阳五行之气，氤氲而出。上帝亦心心爱念。而万物之性，人为

---

① 张世英：《美感的神圣性》，《北京大学学报》（哲学社会科学版）2015 年第 3 期。

贵。吾辈竟不能体天之心以为心，万物将何所托命乎？"（《潍县署中与舍弟墨第二书》）在他看来，小鸟乃至所有生物，都具有相同的来源，与人具有同样的生命；既然如此，作为万物之灵长的人来说也应当体恤这些生命。可见，郑板桥既有"万物一体"的意识，也有"万物一体"的体验，并可以从中感受到一种"形而上"的喜悦。石涛关于自己与山川的关系的论述也体现了"一体之仁"。石涛《画语录》云："山川使予代山川而言也，山川脱胎于予也，予脱胎于山川也。搜尽奇峰打草稿也，山川与予神遇而迹化也，所以终归之于大涤也。"在他眼里，作为自然之物的山川也具有了生命，可以与自己"一气流通"。这就是"万物一体"的生动体现，也生动地表明了美的神圣性。弘一法师的行为也体现了"一体之仁"。丰子恺曾讲过弘一法师的一个故事："有一次他到我家。我请他藤椅子里坐。他把藤椅子轻轻摇动，然后慢慢地坐下去。起先我不敢问。后来看他每次都如此，我就启问。法师回答我说：'这椅子里头，两根藤之间，也许有小虫伏着。突然坐下去，要把它们压死，所以先摇动一下，慢慢地坐下去，好让它们走避。'"[1] 弘一法师的行为体现了对虫子这种细小卑微生命的仁爱慈悲之心。这些言行生动地体现了"万物一体"的境界。但不可否认，这样的"一体之仁"，是万物有灵观下的"一体之仁"。这种"一体之仁"在文学艺术中尚有生动的表现。例如，于坚《鱼》诗："在最疼的时候，它也守口如瓶"，这里说的是鱼的疼痛；这与庄子与惠子游于濠梁之上时所说的"鯈鱼出游从容，是鱼之乐也"（《庄子·秋水》），其实是如出一辙，不能仅仅视为一种叫作比拟的修辞手法。不论是鱼的疼痛还是鱼的快乐，所依凭的是人以己度物、推己及物的想象。在想象中，人与物实现了一时的相融相通。

　　在科学文明昌盛、神秘主义消失的今天，要回复到万物有灵观下的"一体之仁"几乎是不可能的。现在由于科学的发达，世界似乎全部向人类敞开，这个世界只有未知的东西，没有神秘的东西，人们已很难体会到、意识到人与动物、与生物、与万物的这种一体关系，各种美也都往往缺乏宗教般的神秘性、神圣性。现在一些学者所倡导的生态美学、环境美

---

① 丰子恺：《丰子恺自述：我这一生》，中国青年出版社 2015 年版，第 121 页。

学，更多的是从人与自然、人与环境的和谐共处来说的，出发点多为认识论的观点。它们是将自然当作人类必须栖身的家园，而非当作生命体、当作人也是其一部分的生命体来看待。杨振宁先生认为，他 70 多岁时写下的一些"颂扬科学的美的文字"，"似乎缺少了一种庄严感，一种神圣感，一种初窥宇宙的奥秘感。我想，缺少的恐怕正是筹建哥特式（Gothic）教堂建筑师们所要歌颂的崇高美、灵魂美、宗教美等意义上的最终极的美"①。"缺少了一种庄严感，一种神圣感，一种初窥宇宙的奥秘感"，正是当今人们面对这个世界时的普遍状态。一方面，从生活的角度来说，现在是一个消费的时代、功利的时代，享受、娱乐成为一些人的生活追求。另一方面，现实生活成为一些高人雅士所否定、所鄙夷、所逃避、所批判的对象，在他们眼里，这个世界了无生趣，毫无神圣可言。这就意味着在现实中没有值得敬畏的神圣性的东西。通过审美活动，通过审美教育，重新树立美感的神圣性，似乎具有某种迫切的现实性。

二、通达美感神圣性的可能性

美感的神圣性可以视为对一般美感的超越。这一点，张世英、叶朗、阎国忠先生已有阐述。他们都认为美或美感有不同的层次之分。张世英先生将美分为高、低两个层次："美是有低层次和高层次之分的。所谓低层次，就是声色之美；而高层次，就是心灵美。心灵之美就体现了美的神圣性。"②阎国忠先生也是这样分的："人因为是感性的，所以对自然有一种认同感、亲和感；因为是理性的，所以又有一种超越感、神圣感。这样，在人面前就有两种美，一种是感性之美，一种是理性之美；与之相应有两种快乐，一种是通过感官引起的快乐，所谓'耳目之娱'，一种是通过体验产生的快乐，所谓'心神之娱'。前一种美在美学上称作经验之美或相对之美，后一种美称作超验之美或绝对之美。"③上述二人的分法，是将美

① 杨振宁:《自然的美是真正的大美》,《光明日报》2014 年 12 月 17 日。
② 张世英:《美与我们的现实世界》,《光明日报》2014 年 12 月 17 日。
③ 阎国忠:《镜·灯·路——论美的神圣性》,《光明日报》2016 年 2 月 17 日。

（感）分为两种，一种与感官或声色相关，一种与理性或心灵相关；理性或心灵美高于感官或声色之美，具有神圣性。

叶朗、顾春芳先生则将美感分为三个层次：第一个层次是对日常事物或场景的美感："最大量的是对生活中一个具体事物或一个具体场景的美感，如一树海棠的美感，一片草地的美感，'竹喧归浣女，莲动下渔舟'的美感，'舞低杨柳楼心月，歌尽桃花扇底风'的美感，等等"；第二个层次是"人生感、历史感"："比这高一层是对整个人生的感受，我们称之为人生感、历史感，如'问君能有几多愁，恰似一江春水向东流'，又如'流光容易把人抛，红了樱桃，绿了芭蕉'，等等"；第三个层次也是最高层次，是宇宙感："最高一层是对宇宙无限整体（'万物一体'的境界）和绝对美的感受，我们称之为宇宙感，也就是爱因斯坦说的宇宙宗教情感（惊奇、赞赏、崇拜、敬畏、狂喜），这是对个体生命的有限存在和有限意义的超越，通过观照绝对无限的存在、'最终极的美'、'最灿烂的美'，个体生命的意义和永恒存在的意义合为一体，从而达到一种绝对的升华。这是'万物一体''天人合一'的神圣境界，也就是古代儒家说的'仁者'的境界，冯友兰说的'天地境界'。"① 这个分类是着眼于美感的高度或深度来说的。

不管是二分还是三分，他们都认为美或美感存在不同的类型、层次，不同的类型、层次之间有高低之分。有高低之分就意味着有提升与发展的可能与需要。这种更高境界的追求也往往是人们的某种自觉意识与行为。张世英说："人首先是一个有限的存在，但人之为人就在于他不甘心停滞于有限的范围之内，而总想超越有限，这种超越有限的意识就是审美意识。人的自我实现的过程就是由有限向无限扩展的过程。"② 这里存在的问题是，能否从较低层次的美感通达较高层次的美感，或者说，能否提升审美的境界。

张世英先生提出了"万有相通"的观点，这个观点为不同美感层次之间的相通提供了哲学基础。他说："不仅人与人同根同源，而且人与自

---

① 叶朗、顾春芳：《人生终极意义的神圣体验》，《北京大学学报》（哲学社会科学版）2015年第 3 期。

② 张世英：《万有相通：哲学与人生的追寻》，北京师范大学出版社 2013 年版，第 157 页。

然、人与物、物与物也都是同根同源的。……所谓本体论上的'万物一体'，就是指世界上的万物，包括人在内，千差万别，各不相同，但又息息相通，融为一体。"① 不同层次美感之间的相通性为美感的提升创造了条件："美感的这几种不同的层次，并不是互相隔绝的，它们都是在现实人生中引发的，因而它们是互相连通的。这种连通，取决于人生经验、文化教养和心灵境界的提升。人们在日常生活中对于具体事物的美感，可以上升到'万物一体''天人合一'的境界，上升到儒家所说的'仁者'的境界。"② 提升人生境界确实是中国传统文化的一个重要主题。"孔子登东山而小鲁，登泰山而小天下""欲穷千里目，更上一层楼""会当凌绝顶，一览众山小""不畏浮云遮望眼，只缘身在最高层"，这些语句所表达的都是因为境界提升所带来的人生视野的豁然开朗以及由此带来的精神愉悦。

笔者以为，不同层次的美感不仅相通，而且较低层次的美感是较高层次的美感得以获得或产生的前提、基础，因为，美或美感总是与感性联系在一起的，离开了感性之美，所谓理性之美或超验之美就很难获得或产生。从某种程度上讲，当下并不缺少对日常之美的判断能力，各种商品设计、文化创意产品都在尽力满足着这种日常审美需求，所谓"爱美之心，人皆有之"，所缺乏的正是对更高层次之美的追求和把握。

三、大学美育的更高追求

国务院办公厅《关于全面加强和改进学校美育工作的意见》（国办发〔2015〕71 号）发布后，引起高校美学研究者、美育工作者的积极关注和深入研讨。笔者以为，审美活动应当有更高追求，审美教育也应当有更高追求。张世英先生提出美感的神圣性，将美感的神圣性体悟作为审美活动的更高追求，而美感神圣性的培养就应当成为美育的更高追求。

简而言之，从美育的内容、目标来说，高校美育工作可分为不同层

① 张世英:《万有相通：哲学与人生的追寻》，北京师范大学出版社 2013 年版，第 43 页。
② 叶朗、顾春芳:《人生终极意义的神圣体验》，《北京大学学报》（哲学社会科学版）2015 年第 3 期。

面：一是审美感知能力的培养；二是审美知识的传授；三是审美创造能力的训练；四是美感神圣性的体悟。不同层面的美育都有其必要性、重要性，但仅在某一个层面开展教育还是不够的。上述四个层面应该构成一个整体，相互支持、相互促进，缺少某一层面，审美教育就不完整。第一个层面是根本、基础，第二个层面是自觉、意识，第三个层面是深化、应用，第四个层面则是引领、提升。而且，审美教育的四个层面在逻辑上也有一个从低到高的发展过程。从较低层面到较高层面的提升应当成为美育工作者的自觉追求。在这里，美感神圣性的体悟具有非常重要的作用。美感神圣性的体悟应贯穿在审美知识学习、审美感知能力培养、审美创造能力训练的过程中。美感神圣性体悟，应当发挥其引领、提升美育的作用，也就是说，培养对美感神圣性的体悟（美感神圣感），是美育的较高目标，美育工作应向着这个目标进发，向着这个目标努力。

基于这个目标，高校美育工作应当做到感知与提升的统一、感知与创造的结合。

感知与提升的统一。在超越性、愉悦性等之外再加上神圣性，是对美或美感的一种超越或提升。在感知中提升，在提升中感知，从而不断迫近美感神圣性的体悟。首先当然是培养美感，特别是对日常事物的美感。连对一般日常事物的美感都没有，就不可能有所谓审美境界的提升。培养对日常事物或具体场景的美感，是通达较高层次美感的前提、基础。其实"觉解"一词中"觉"的意思，不仅有与认识相关联的意识，它还与感知相关，有"感到、觉得"之类的意思。对于审美来说，认识固然很重要，但仅有认识是不够的，还应有所感受，就是自己能亲身感受到这种"天人合一""万物一体"的情况。不能有所感受的东西，就只是抽象的东西，是很难进入审美状态的。将认识转化为感受，或在感受中认识，需要智慧："领悟'万物一体'的智慧是催生神圣性美感体验的基点，又是实现'天人合一'精神境界的终点。'万物一体'的境界是人生的终极关怀所在，是人生的最高价值所在。'万物一体'的境界是美的根源，也是美的神圣性所在。"[1] "一体之仁"可以转化为一种可以感受到的"美""爱"。

① 叶朗：《把美指向人生》，《光明日报》2014 年 12 月 17 日。

当然，仅靠美育来提升是不够的。古人讲"功夫在诗外"。审美境界的提升还要仰赖于人生经验、文化教养和心灵境界的提升。这是一个修炼的过程。这个过程是感与悟的过程，是知与行的过程。

感知与创造的结合。从现实来看，现有的审美教育做得还很不够。现有审美教育存在的突出不足，主要是"说"得多、"做"得少，而"说"的中是说理传道的多、引导感受体验的少。这种教育方式很容易使审美教育落空，成为抽象的说教。笔者认为，与其教师"说"十堂课，不如让学生"做"一堂课。"纸上得来终觉浅，绝知此事要躬行。"（陆游《冬夜读书示子聿》）认识活动是如此，审美教育也是如此。让学生进行一种"作品"的创造活动，不仅仅是一种技术能力的培养、发挥，更主要的是一种创造过程的经历、体验。古人讲"道不远人"。这里有"术"与"道"的统一，即运用的是"术"，体会的是"道"，创造之道。通过这种创造活动，学生可以更有效地感受美。有了这种亲身、亲自的经历，也即获得了某种创造活动的相似性，一个人就能更好地感受和体会别人创造的美。"操千曲而后晓声，观千剑而后识器""不通一艺莫谈艺，实践实感是真凭"。搞艺术的人往往能比一般人更容易产生对《蒙娜丽莎》的热爱崇敬之情的现象就说明了这一点。据说，达·芬奇生前一直在修改这幅令世人惊艳不已的作品，直到去世之前都在不断修改，最后不得不放弃的时候，达·芬奇充满遗憾地说，我对不起上帝和世人，因为我没有创作出尽善尽美的《蒙娜丽莎》。在一般人眼里，《蒙娜丽莎》已是不可企及的高峰。也许，除了达·芬奇本人，我们难以感知它的未尽善尽美之处。我国宋代画家巢无疑工草虫，人问其法，巢无疑说："是岂有法可传哉！某自少时取草虫笼而观之，穷昼夜不厌。又恐其神之不完也，复就草地之间观之，于是始得其天。方其落笔之际，不知我之为草虫耶？草虫之为我耶？"这种追求尽善尽美的精神，是伟大的匠人精神，体现的是对作品、对美的热爱和崇敬，他们在对"术"或艺术的追求中就体现了美的神圣性。张世英说，"提高境界，关键在于突破人的有限性的束缚，而这就需要艺术"，因为，"艺术都是以有限表现无限、言说无限，或者说，就是超越有限"[1]。不论是

---

[1] 张世英：《万有相通：哲学与人生的追寻》，北京师范大学出版社 2013 年版，第 157 页。

欣赏还是创造，艺术都具有使人超越有限的作用。

　　不仅有"万物一体"的认识，而且有"万物一体"的感受，才能说是达到了"万物一体"的境界，也才能更好地建立起美感的神圣性。一般的美，是本来如此的、直观到的、一触即觉的美；境界之美，是本该如此的、经过想象所"感"到的美。对于本该如此的东西，就有一个从认识到感受即从"想到"到"感到"的过程。审美教育就要不仅仅让人们认识到"万物一体"的道理，更要让人们感受到"万物一体"的状况，只有这样，才可能呈现出美感的神圣性，从而"使他们生发出无限的生命力和创造力，生发出对宇宙人生无限的爱"① 。

（本文为王文革、李云龙合撰）

---

① 叶朗：《当代学者的历史责任和精神追求》，《中国文艺评论》2016 年第 6 期。

蔡元培 "以美育代宗教" 的思想及其逻辑可能性

    1917 年，蔡元培先生发表《以美育代宗教说》[1]演讲，提出 "以美育代宗教说"。此后，蔡元培先生又发表《以美育代宗教》[2]（1930 年）、《美育代宗教》[3]（1932 年）等文章，坚持并进一步阐发其美育代宗教的观点。"以美育代宗教说" 百年来影响深远，为将美育融入教育中发挥了重要作用。现在，加强和改进美育已成为人们的共识。美育已与德育、智育、体育一起列为国家的基本教育方针。国务院办公厅《关于全面加强和改进学校美育工作的意见》（国办发〔2015〕71 号）明确提出了学校美育的目标、任务，要求 "到2020 年，初步形成大中小幼美育相互衔接、课堂教学和课外活动相互结合、普及教育与专业教育相互促进、学校美育和社会家庭美育相互联系的具有中国特色的现代化美育体系"。可以说，蔡元培当年的很多美育思想在今天得到了真正的、有效的实施。尽管如此，我们仍然有必要对 "以美育代宗教说" 进行深入研究，把握其深刻内涵，创新理论，消除歧见，更好地推进美育工作。

一、蔡元培关于 "以美育代宗教说" 的基本思想

    蔡元培认为，早期宗教兼具知识、意志、感情三种作用，随着科学

---

    [1] 金雅主编、聂振斌选编:《中国现代美学名家文丛·蔡元培卷》，浙江大学出版社 2009 年版，第 93–96 页。

    [2] 金雅主编、聂振斌选编:《中国现代美学名家文丛·蔡元培卷》，浙江大学出版社 2009 年版，第 108–109 页。

    [3] 金雅主编、聂振斌选编:《中国现代美学名家文丛·蔡元培卷》，浙江大学出版社 2009 年版，第 121–124 页。

文化的发展，知识、意志的作用离开宗教而独立，而与宗教最有密切关系的，只有情感作用，即所谓美感。而与宗教相关的美育，常受宗教之累，"失其陶养之作用，而转以激刺感情。盖无论何等宗教，无不有扩张己教、攻击异教之条件"。宗教排斥异己，其情感作用受到宗教目的的限制，于是，"鉴激刺感情之弊，而专尚陶养感情之术，则莫如舍宗教而易以纯粹之美育"（蔡元培《以美育代宗教说》，1917 年）。

他在 1932 年发表的《美育代宗教》一文中进一步阐发了宗教已经衰落，不能再行使其在知识、道德甚至体育方面的教育功能的观点，"单是科学已尽够解释一切事物的现象，用不着去请教宗教"；"现在宗教对于德育也是不但没有益处而且反有害处的"；"就体育而言，也用不着宗教"。至于美育，"宗教可不可以代美育呢？我个人以为不可，因为宗教上的美育材料有限制，而美育无限制，美育应该绝对的自由，以调养人感情"。蔡元培在另一篇《以美育代宗教》（1930 年）中明确认为，一、"美育是自由的，而宗教是强制的"；二、"美育是进步的，而宗教是保守的"；三、"美育是普及的，而宗教是有界的"。他还进一步强调，不能以宗教充美育，只能以美育代宗教："因为宗教中美育的原素虽不朽，而既认为宗教的一部分，则往往引起审美者的联想，使彼受智育、德育诸部分的影响，而不能为纯粹的美感，故不能以宗教充美育，而止能以美育代宗教。"

美育何以能克服宗教的弊端或制约呢？蔡元培认为，这是因为美育的内容或材料是美，而美具有普遍性、超越性。关于美的普遍性，他说："盖以美为普遍性，决无人我差别之见能参入其中。食物之入我口者，不能兼果他人之腹；衣服之在我身者，不能兼供他人之温，以其非普遍性也。美则不然。即如北京左近之西山，我游之，人亦游之；我无损于人，人亦无损于我也。"关于美的超越性，他说："美以普遍性之故，不复有人我之关系，遂亦不能有利害之关系。马牛，人之所利用者，而戴嵩所画之牛，韩干所画之马，决无对之而作服乘之想者……盖美之超绝实际也如是。"（《以美育代宗教说》，1917 年）这个思想来自康德的美学思想，但蔡元培进行了非常生动的、中国化的表达。因为美具有普遍性和超越性，于是，以美育代宗教，便能克服宗教的弊端，使人获得自由，培养高尚精神："纯粹之美育，所以陶养吾人之感情，使有高尚纯洁之习惯，而使人我之见、利己损人之思念，以渐消沮者也。"(《以美育代宗教说》，1917 年）蔡元培深受中国传统文化熏染，同时他在 41—45 岁留学德国期间专门考察了德国的教育，对西方的审美教育深有感触。美育最早本是席勒提出的，但蔡元培所赋予美育的主要内容却是康德的思想。席勒看到了现代人感性与理性的分裂，于是提出一个"游戏冲动"的观点来弥合感性与理性的裂隙。在 20 世纪初的中国，感性与理性的分裂问题也许不是开展美育的根本出发点，因为感性与理性的分裂问题在中国几乎不是问题。蔡元培更看重的是美育陶养情感、健全人格的作用。在这方面，康德的美学思想能清晰、深刻地表达美育的材料（审美对象或美）的价值，也许正好启发或契合了蔡元培的思想。

蔡元培认为，美育的作用，就是陶养情感："美育者，应用美学之理论于教育，以陶养感情为目的者也。……美育者，与智育相辅而行，以图德育之完成者也。"(《美育》，1930 年《教育大辞书》条目）①美育的情感功能能够取代宗教，但又没有宗教所存在的弊端和制约。蔡元培认为，人的情感是需要"陶养"的，"人人都有感情，而并非都有伟大而高尚的行为，这由于感情推动力的薄弱。要转弱而为强，转薄而为厚，有待于陶养。陶养的工具，为美的对象，陶养的作用，叫作美育"；而美育之所以能陶养感情，就是因为美具有普遍性、超越性。（蔡元培《美育与人生》，1931 年）②

另外，他所说的美育不仅仅指学校美育。他在 1922 年刊发的《美育实施的方法》③中说，教育的范围有家庭教育、学校教育、社会教育，"我们所说的美育，当然也有这三个方面"。单就学校教育来说，专属美育的课程有音乐、图画、运动、文学等，"但是美育的范围，并不限于这几个科目，凡是学校所有的课程，都没有与美育无关的"，例如：比例、节奏，全是数的关系；数学的游戏，可以引起滑稽的美感；几何的形式，是图案术所应用的；声学与音乐、光学与色彩关系密切；等等。不仅数学，其他学科，如物理、化学、植物学、地理学、历史、天文学等也无不可以成为

---

① 金雅主编、聂振斌选编：《中国现代美学名家文丛·蔡元培卷》，浙江大学出版社 2009 年版，第 104 页。
② 金雅主编、聂振斌选编：《中国现代美学名家文丛·蔡元培卷》，浙江大学出版社 2009 年版，第 125–126 页。
③ 金雅主编、聂振斌选编：《中国现代美学名家文丛·蔡元培卷》，浙江大学出版社 2009 年版，第 99–103 页。

美育的资料。美育可以渗透到各门课程。

中国传统文化本来就有"乐教""诗教"的传统，乐教、诗教在很大程度上就是古代的美育。人们通过乐教、诗教习得一种雅致的、诗意的生活方式，获得一种精神的自由和寄托。即使是佛教中国化的成果——禅宗，其重要影响也主要是表现在文学艺术和生活方式上。中国传统文化并不排斥宗教，宗教也没有像西方中世纪那样成为精神世界的统治者，也没有与世俗文化发生严重的矛盾冲突。实际上，在中国传统文化中，宗教并不是一个问题。蔡元培也明确说："中国自来在历史上便与宗教没有甚么深切的关系，也未尝感非有宗教不可的必要。"① 蔡元培提出"以美育代宗教说"，其所针对的是当时向西方学习的人们将"一切归功于宗教，遂欲以基督教劝导国人"，以及"一部分之沿习旧思想者""以孔子为我国之基督，遂欲组织孔教"的现象。（蔡元培《以美育代宗教说》）不论是欲引进基督教还是自办孔教，这些人的出发点都是看重宗教在社会生活中的重要作用和影响，以为通过宗教的作用可以提升国民的精神，进而推进中国社会的发展。宗教在历史上曾经起过的教化作用，蔡元培也是不否认的，但到了 20 世纪，面对西方宗教在认识、道德等方面的作用均已衰颓并被科学、伦理学等取代的现实，再来倡导宗教，显然是不合时宜的。另外，虽然宗教在情感陶养方面也是有作用的，但因为宗教在情感陶养方面存在诸多弊端，所以也应当有更好的文化教育方式来加以取代。这个能够取代宗教情感陶养作用的文化教育方式，便是美育。蔡元培说："宗教是靠着自然美，而维持着他们的势力存在。现在要以纯粹的美来唤醒人的心，就是以艺术来代宗教。因为西湖的寺庙最多，来烧香的人也最多，所以大学院在西湖设立艺术院，创造美，使以后的人都移其迷信的心为爱美的心，借以真正的完成人们的生活。""大学院看艺术与科学一样重要。艺术能养成人有一种美的精神，纯洁的人格。"②（1928 年 4 月 9 日，蔡元培先生出席西湖国立艺术院开院式，发表演讲《学校是为研究学术而设》）在他看来，美育能够将迷信的心改移为爱美的心，培养出高尚纯洁的人格。

① 《蔡元培全集》第五卷，中华书局 1988 年版，第 508 页。
② 金雅主编、聂振斌选编：《中国现代美学名家文丛·蔡元培卷》，浙江大学出版社 2009 年版，第 86—88 页。

蔡元培关于美育的很多思想直到今天都具有很强的现实性，仍然对我们的美育工作具有很强的启发性。同时，我们也应看到其"以美育代宗教说"在学界所引起的争议。其中，主要的争论有美育与宗教是否存在论域错位、美育能否取代作为信仰的宗教等。

二、争议之一：美育与宗教是否存在论域错位？

蔡元培"以美育代宗教说"在学界所引起的争议之一，是美育与宗教是否在一个论域，也即：将美育与宗教并列起来，是否合乎逻辑？有学者质疑："从逻辑上与学理上看，美育与宗教的关系在逻辑上根本不对称，无法彼此取代；在学理上也并非互相排斥而是彼此兼容"，美育属于教育的方面，宗教属于文化或信仰的方面，将美育与宗教并列起来，是混淆了二者的论域；从逻辑上讲，可以是"以艺术代宗教""以审美代宗教"或"以美术代宗教"，但不能是"以美育代宗教"。

蔡元培并非不知"以美术代宗教"的说法，但他执意强调的是"以美育代宗教"。

蔡元培这里所说的"宗教"，更多地关注的是宗教作为教育的"教"，也就是强调宗教在知识教育、道德教化和情感教育方面的作用，而不是信仰方面的作用："宗教本旧时代的教育，各种民族，都有一个时代，完全把教育委于宗教家。"（《以美育代宗教说》）他看到了宗教在这些方面的衰颓以及在情感教育方面所存在的弊端，加上当时中国社会所存在的大量与宗教相关的迷信活动，所以便不遗余力地倡导美育，将美育提高到替代宗教的高度予以重视和开展。这样，美育的社会价值就得以彰显。当然我们也不能将"以美育代宗教说"仅仅视为一种宣传的策略，而是在当时的社会环境下它是有着很强的针对性和现实性的。蔡元培并不否认宗教在情感教育方面曾经发挥过的作用。他在一次谈话中说："要知科学与宗教是根本绝对相反的两件东西。科学崇尚的是物质，宗教注重的是情感。科学愈昌明，宗教愈没落，物质愈发达，情感愈衰颓，人类与人类一天天隔膜起来，而互相残杀。根本是人类制造了机器，而自己反而成了机器的奴隶，受了机器的指挥，不惜仇视同类。"①（《与〈时代画报〉记者谈话》，1930年）这一段话表明，科学的片面发展，宗教的没落、情感的衰颓，导致人类的异化，于是各种争端纷然而起。在当时人们大力倡导"赛先生"的时候，蔡元培已经发现科学的片面发展所带来的弊端，这不能不说是非常深刻和敏锐的看法。从这里我们也可以看到，蔡元培对于宗教的作用的看法也是非常客观理性的。宗教的没落是人类精神发展的必然结果，但宗教没落所造成的精神上的空缺是需要用更加合理的精神文化形态加以填充和弥补的。在这种情况下，美育的作用便显得十分重要："我们提倡美育，便是使人类能在音乐、雕刻、图画、文学里又找见他们遗失了的情感。"②（《与〈时代画报〉记者谈话》，1930年）在这里，蔡元培是从教育之"教"的角度而不是从信仰之"教"的角度来看待宗教、美育的。

　　蔡元培始终强调的是美育而不是美术（艺术）代宗教。他在《美育代宗教》的演讲中说："只有美育可以代宗教，美术不能代宗教，我们不要把这一点误会了。"他在1930年《以美育代宗教》的演讲中说："我向来主张以美育代宗教，而引者或改美育为美术，误也。我所以不用美术而用美育者：一因范围不同，欧洲人所设之美术学校，往往止有建筑、雕刻、图画等科，并音乐、文学亦未列入。而所谓美育，则自上列五种外，美术馆的设置，剧场与影戏院的管理，园林的点缀，公墓的经营，市乡的布置，个人的谈话与容止，社会的组织与演进，凡有美化的程度者，均在所包，而自然之美，尤供利用，都不是美术二字所能包举的。二因作用不同，凡年龄的长幼，习惯的差别，受教育程度的深浅，都令人审美观念互不相同。"我们从这里可以感到，蔡元培所说的"美术"，多半也是"美术教育"；美术（教育）的范围过于狭窄，而他所谓"美育"的范围则要宽广许多，包括学校的、社会的、自然的以及生活的方方面面，正所谓"凡有美化的程度者，均在所包"。他认为，审美可以让人享受人生的乐趣，"知道了享受人生的乐趣，同时更知道了人生的可爱，人与人的感情便不期然而然地更

　　① 金雅主编、聂振斌选编：《中国现代美学名家文丛·蔡元培卷》，浙江大学出版社2009年版，第220页。
　　② 金雅主编、聂振斌选编：《中国现代美学名家文丛·蔡元培卷》，浙江大学出版社2009年版，第220页。

加浓厚起来。那么，虽然不能说战争可以完全消灭，至少可以毁除不少起衅的秧苗了"。①（《与〈时代画报〉记者谈话》，1930 年）在这里，蔡元培以美对个人的作用为出发点，提出了美的社会作用，即：由一时的审美愉悦，到人生的可爱，进而增进人与人之间的情感，于是便可以消除不少纷争的苗头。这里的审美活动，就不仅仅是一种作为精神享受的审美活动，而且是具有教化、修身作用的审美活动。也许，在他看来，这世上并不存在纯粹是审美活动的审美活动；只要是审美活动，无不具有美育的作用。这就有点像禅宗所谓"担水砍柴，无非妙道"的说法，担水砍柴既是生活也是修行。

这样，我们可以看出，他的"美育"，是包含着"美术"、包含各种审美活动在内的一种教育活动。如果我们对照蔡元培在 1930 年《教育大辞书》"美育"条目给"美育"所下的定义，我们就会发现，他对"美育"一词在使用中的范围或外延，要比他所下的定义宽广。蔡元培使用"美育"一词的含义，与我们现在所使用的"美育"一词的含义，是有所不同的：当代更趋向于从狭义的角度即学校的审美教育的角度来使用"美育"一词。考虑到"美育"一词的范围，以及宗教作为教育之"教"的作用，蔡元培的"以美育代宗教说"将"美育"与"宗教"并列，在逻辑上就应当属于同一个层面的概念，不存在论域错位的问题。

三、争议之二：美育能否取代作为信仰的宗教？

应当看到，宗教不仅仅是教育之"教"，也是一种信仰之"教"。宗教的本质是信仰，所要解决的是精神寄托与灵魂安顿的问题。诸如"我是谁""我从哪里来、要到哪里去"、人生的终极意义何在等问题，都可谓是永恒之问。"以美育代宗教说"提出以美育取代宗教，其逻辑上潜在地包含了美育也具有培养信仰、替代信仰的功能。但美育能否承担起这样的功能呢？有学者对"以美育代宗教说"提出质疑，认为"只要人类最为深层

---

① 金雅主编、聂振斌选编：《中国现代美学名家文丛·蔡元培卷》，浙江大学出版社 2009 年版，第 220 页。

的生命困惑存在，宗教就必然存在"，"以美育这种只有终极关怀与信仰维度先行莅临才能够存在的东西作为安身立命之地，甚至错误地以美育去代宗教，真是匪夷所思"。这里所涉及的是美育代宗教的可能性问题。中国哲学中的境界思想以及张世英先生所提出的美的神圣性思想，也许可以对这个问题做出肯定回答。

冯友兰提出四个境界，从低到高，分别是：自然境界，功利境界，道德境界，天地境界。他在论及蔡元培"以美育代宗教说"时认为审美活动所达到的境界是"一种最高的精神境界"[①]。冯友兰这里所说的最高精神境界，应当指的是他所说的天地境界。这个最高的精神境界，张世英称为审美境界。张世英把人的生活境界分为四个层次，即欲求境界、求知境界、道德境界和审美境界。张世英先生的境界说与冯友兰大体相似。张世英先生也认为，在审美的境界，"美既超越了认识的限制，也超越了功用、欲念和外在目的以及'应该'的限制，而成为超然于现实之外的自由境界"[②]。这个审美的境界体现了张世英"万有相通"的思想。

张世英把"个体与天地万物融为一体"的情况称为"万有相通"："万物各不相同而又相互融通"。[③]"万有相通"的另一个表述就是"万物一体"。[④]"万物一体"作为一种精神的境界，在张世英先生的境界说里具有特别的地位。他说："审美想象把每一物背后不出场的、无穷无尽的东西，甚至逻辑上不可能的东西，都潜置于'想象'之中，都纳入万有相通的一体之中，其所达到的主客融合是全然无限的，人由此而获得一种无限性自由的审美享受。它是人生最充分的自由之境。"[⑤]"万物一体"的境界也就是审美的境界，是人生或精神的最高境界。在张世英先生看来，这样的"无限自由"之境，其美（感）具有"神圣性"的特点。[⑥]在这里，张世英先生受到西方基督教思想的启发，认为可以从西方基督教那里"吸取一点宗教情怀"，这就把美（感）与宗教关联了起来。只是这种"宗教情怀"又

① 冯友兰：《中国现代哲学史》，广东人民出版社1999年版，第61页。
② 张世英：《万有相通的哲学》，《光明日报》2017年6月26日。
③ 张世英：《万有相通的哲学》，《光明日报》2017年6月26日。
④ 张世英：《万有相通：哲学与人生的追寻》，北京师范大学出版社2013年版，第149页。
⑤ 张世英：《万有相通的哲学》，《光明日报》2017年6月26日。
⑥ 《张世英文集》第7卷，北京大学出版社2016年版，第260页。

并非真正的宗教情感，所崇拜的"上帝"也并非宗教里的上帝。

他明确指出："具有神圣性的'万物一体'的境界是人生终极关怀之所在，是最高价值之所在，是美的根源。"[①] 张世英先生还认为"万物一体"是真善美的统一体。[②] 这样，"万物一体"的境界就具有了根本性、终极性、本源性的意义，于是，"万物一体"的境界就被赋予了神圣性。关于这种神圣性的美（感），叶朗先生等也给予了生动的阐发[③]。可见，这种最高层次的美（感），指向人生的终极意义，指向心灵的自由解放，其超验性、形上性与宗教信仰相类，具有信仰的特点与作用。

张世英先生的"万物一体"境界说以及美（感）的神圣性观点，从信仰的角度，给"以美育代宗教说"提供了逻辑可能性。

另外，王元骧先生也认为，美与艺术能够取代宗教而具有宗教的功能，"艺术作为审美客体之所以能取代宗教，从根本上说不是它的感性外观，而恰恰在于它的内在精神，在于它的超验性和形上性"。他从美与艺术的性质、创造、功能三个方面分析了美与艺术所具有的这种超验性和形上性。[④] 因为美与艺术具有这样的"超验性""形上性"，与宗教的信仰相类，于是，以美育代宗教便具有了可能性。王元骧先生是从美与艺术本身所具有的特性来展开分析的。

需要指出的是，对于中国传统文化来说，宗教不是问题，信仰也不是问题。在生活中审美，在审美中修身，是中国传统文化所具有的一个特点。人们常常提到的"孔颜之乐"便体现了这个特点。子曰："贤哉，回也！一箪食，一瓢饮，在陋巷，人不堪其忧，回也不改其乐。贤哉，回也！"（《论语·雍也》）子曰："饭疏食饮水，曲肱而枕之，乐亦在其中矣。不义而富且贵，于我如浮云。"（《论语·述而》）在这里，生活、审美、修身是一体的事情。王子猷寄居他人空宅，也要让人种上竹子，谓"何可一日无此君"，生动地体现了"万物一体"的人生境界。董其昌在《画旨》中所说的学得画家"气韵"的方法是"读万卷书，行万里路"。如果说

---

① 张世英：《境界与文化——成人之道》，人民出版社 2007 年版，第 245 页。
② 张世英：《万有相通：哲学与人生的追寻》，北京师范大学出版社 2013 年版，第 150 页。
③ 叶朗：《把美指向人生》，《光明日报》2014 年 12 月 17 日。
④ 王元骧：《评蔡元培"以美育代宗教说"》，《社会科学战线》2013 年第 7 期。

"读万卷书"是学习，那么，"行万里路"便是一种包含着生活、审美的修身过程。伯牙学琴的故事也颇能说明这一点。成连把伯牙"诓骗"到蓬莱岛，把他一个人留在岛上，让他在孤独寂寞中去生成、感受、体味鼓琴所需要的情感。在这种情况下，伯牙终于生成了那种情感，从此成为天下弹琴的高手。（唐代吴兢《乐府古题要解·水仙操》）一个人在海岛上去体验、感受、生成那种能够移人之情的感情，就不仅仅是一种情景式教学，而是一种学习、审美、生活合而为一的教学活动。聂振斌先生说："蔡元培的'以美育代宗教说'，充分说明了中国文化的理想境界是艺术—审美而非宗教；中国人的道德人格培养是靠内省的，完全是自由自觉的，毫无外在的强迫。这两个方面都是靠艺术—审美教育来完成的。"① 如果考虑到中国传统文化中修身、审美、生活常常是一体化的这个特点，那么，我们就可以说"以美育代宗教"是有其逻辑、有其理据的。

① 聂振斌:《蔡元培的美育思想及其历史贡献》,《艺术百家》2013 年第 5 期。

蔡元培"以美育代宗教"的思想及其逻辑可能性

美育：生命意识的教育

当前，在少数大学生中出现生命意识缺失的现象。一些大学生缺乏关于生命的感受体验与反思，患上了"空心病"，对生活厌倦，"内心空洞，找不到自己真正的需求，就像漂泊在茫茫大海上的孤岛一样，感觉不到生命的意义和活着的动力，甚至找不到自己"①。与之相类的情况还有，一些学生精神脆弱、缺乏同情心甚至漠视生命等。另外，还有一种情况，就是看起来生命意识很强，但很难说是一种健全完整的生命意识，例如：对虐狗现象反应强烈，却对人间的苦痛缺乏同情；对自我的悲欢很敏感，对他人的悲欢则无动于衷。

造成生命意识缺失的原因是多方面的，比如，生命意识教育的缺乏。以成绩取胜、以分数决定成败，这种工具性、功利性教育的盛行，导致一些青少年人格的片面发展，在人格发展方面出现缺失。有的人片面追求成功，造成"没有灵魂的卓越""没有生命基础的卓越"②。在这种情况下，人生的本质与价值遭到压抑或遮蔽。又如，消费主义的盛行。随着经济社会的发展，消费主义、感性娱乐流行起来。娱乐至死、跟着感觉走成为某些人的生存状态。一些人极度追求个人欲望的满足，被欲望所主宰。这样就使一些人缺少对生命本身的感受、体悟和关注、关爱，导致生命意识的缺失。再如，科学技术的发展。随着科学的发展，人们对生命有了更多的研究和了解。例如：认为人类是生命进化而来的；人的行为和生命活动可以归结为复杂的物理运动和化学反应；构成人体的有机分子与其他动物没有差异；构成生命的基本粒子可能来自宇宙遥远深处的一次超新星爆发；用 DNA 技术可以复制生命体；等等。人工智能的

---

① 徐凯文：《"空心病"也是一种心理障碍》，《大众卫生报》2017 年 7 月 25 日。
② 欧阳康：《生命意识 素质教育 人生境界》，《中国高教研究》2012 年第 2 期。

快速发展，如"阿尔法狗"战胜围棋大师李世石，机器人索菲亚获得沙特阿拉伯王国公民身份，也让人们大吃一惊，引发人们对生命的重新思考。科技进步一方面一次次刷新了人们对自身的了解、认识，另一方面也在一定程度上消解了人的生命的神秘性、神圣性。还如，互联网的影响。互联网以虚拟的方式将个体与个体、个体与社会连成一体，仿佛构成了一个包含无数个体的生命共同体。人们在互联网上分享着、共享着各种信息、各种经历，利用互联网开展各种交往、交流，甚至生活在互联网上。互联网让人们的生活"空间"不知扩大了多少倍，让人们的生活方式、生活内容不知丰富了多少倍。看起来这样的生活与实际生活似乎没有多大差别，但这样的生活与实际生活还是隔着一道屏幕的。与现实生活的隔离让人不能感受到真实生命的温热。互联网生活对人格发展所产生的负面影响也是不能忽视的。

人生的基础和前提是生命；没有良好的生命意识，就很难建构起健康积极的人生观。生命意识，简单地说，即对生命的意识。这里所说的生命，包括自我生命、他人生命、群体生命乃至包含这些在内的整个世界的生命。这里所说的意识，包括直接的感性体验和间接的理性认识。生命意识是人首先区别于动物的地方，也是人性的基本内涵。大学生正处于人生观形成阶段。开展生命意识教育，对大学生的成长发展具有重要意义。

生命意识的培养，是要形成一种健康积极的生命意识。这种生命意识，不仅要对自身的生命有清醒的意识，还要对自身之外的生命有强烈的认同感。这种生命意识，不仅只是一种观念，还应当是一种感知能力，也就是说，能够真切地感知到其他生命体的存在。这样，才能克服生命意识的片面性，确立自身作为人在世界的位置和价值。

美育对于人的健康发展、对于积极人生的建构具有十分重要的作用。美育以文化人、以美育人，具有"成人"教育的功能，正如国务院办公厅《关于全面加强和改进学校美育工作的意见》（国办发〔2015〕71号）所指出的："美育是审美教育，也是情操教育和心灵教育，不仅能提升人的审美素养，还能潜移默化地影响人的情感、趣味、气质、胸襟，激励人的精神，温润人的心灵。"美育是与生命意识最为贴近的教育，从某种意义上讲，美育就是生命意识的教育。美育作为一种生命意识教育，至少应在以下几个方面发挥作用。

1. 培养同情、怜悯之心。这里的同情、怜悯，首先是对人的同情、怜悯。同情、怜悯不是理性判断，而是一种自然而发的情感态度和情感体验。这种同情、怜悯实是源于对生命的关爱，由推己及人、推己及物而来。没有同情、怜悯的社会，是冷漠无情的社会；具有同情、怜悯的社会，是温馨友善的社会。而美育则有助于推动构建这种温馨友善的社会。大力倡导美育的蔡元培先生在 20 世纪 30 年代就曾指出："我们提倡美育，便是使人类能在音乐、雕刻、图画、文学里又找见他们遗失了的情感。我们每每在听了一支歌，看了一张画、一件雕刻，或是读了一首诗、一篇文章以后，常会有一种说不出的感觉；四周的空气会变得更温柔，眼前的对象会变得更甜蜜，似乎觉得自身在这个世界上有一种伟大的使命。这种使命不仅仅是使人人要有饭吃，有衣裳穿，有房子住，他同时还要使人人能在保持生存以外，还能去享受人生。知道了享受人生的乐趣，同时更知道了人生的可爱，人与人的感情便不期然而然地更加浓厚起来。"[1]（《与〈时代画报〉记者谈话》，1930 年）蔡元培以美育对个人的作用为出发点，提出了美育的社会作用，即：由一时的审美愉悦，让人（蔡元培特意强调了"人人"）意识到人生的可爱，进而增进人与人之间的情感。蔡元培的这个观点，可以从海德格尔的一段描述得到印证。海德格尔对凡·高所画的一双农妇的鞋这样描述道："从鞋具磨损的内部那黑洞洞的敞口中，凝聚着劳动步履的艰辛。这硬梆梆、沉甸甸的破旧农鞋里，聚积着那寒风陡峭中迈动在一望无际的永远单调的田垄上的步履的坚韧和滞缓。鞋皮上粘着湿润而肥沃的泥土。暮色降临，这双鞋在田野小径上踽踽而行。在这鞋具里，回响着大地无声的召唤，显示着大地对成熟的谷物的宁静的馈赠，表征着大地在冬闲的荒芜田野里朦胧的冬眠。这器具浸透着对面包的稳靠性的无怨无艾的焦虑，以及那战胜了贫困的无言的喜悦，隐含着分娩阵痛时的哆嗦，死亡逼近时的战栗。"[2]虽

---

① 金雅主编，聂振斌选编：《中国现代美学名家文丛·蔡元培卷》，浙江大学出版社 2009 年版，第 220 页。

② ［德］海德格尔著，孙周兴译：《艺术作品的本源》，《海德格尔选集》上册，上海三联书店 1996 年版，第 254 页。

然只是凡·高所创作的一幅画,却让海德格尔看到了一位农妇的艰辛生活,也激发了他对农妇的怜悯、同情。这幅画将凡·高、农妇、海德格尔联系在一起,让三者的生命发生沟通、产生交流。可以说,这幅作品是一幅充满生命意识、生命质感的作品。这样的作品,也是开展生命意识教育的极好内容。可见,以美为内容的美育是可以培养人的同情、怜悯之心的。我们所倡导的友善,从深层次上讲也是源于生命意识,体现了人们对于生命的关爱、同情。

2.培养积极的人生态度。很多古诗文中所表达的情感,如乡愁、伤春、悲秋,如美人迟暮、烈士暮年之感,背后都是生命意识在起作用。像《古诗十九首》中的"人生寄一世,奄忽若飙尘""人生非金石,岂能长寿考""人生忽如寄,寿无金石固"等诗句,感伤的是人生的短暂、无常,体现的却是对生命本身的关注与敏感。东晋大司马桓温北伐时路过一地,见到自己当年栽下的柳树都长到十围那么粗了,感慨道:"木犹如此,人何以堪!"竟攀枝执条,泫然泪下。一位武将,看到自己栽下的柳树发出这个流传千年的感叹,打动了无数后来人。但现代人已少有这种感伤式的情感体验,对美的感受也就丧失了以感伤为背景的深度,快乐往往沦落为简单的快感。应当通过生命意识教育,让人意识到、体悟到人生的有限、渺小、短暂,有着海德格尔所说的死亡的悬临,从而培养起向死而生的精神、态度。海德格尔认为,死是生的不可或缺的组成部分;人们知道每个人的死亡是确定可知的,却将自己的死亡推迟到今后的某一天,于是就掩盖了"死亡随时随刻都是可能的"这一性质。生命意识教育应当让人清醒地意识到死亡的悬临,只有这样,人们才能清醒地意识到生命的有限性,从而使人从容面对死亡,更加珍视生命、热爱生命、执着生活,坦然面对各种苦难,积极有为,让生命闪光,显示出生命的高贵,做到如泰戈尔所说的"生如夏花之绚烂,死如秋叶之静美"。"三此主义",是20世纪20年代朱光潜先生的座右铭。"三此主义",即此身、此时、此地:"此身应该做而且能够做的事,就得由此身担当起,不推诿给旁人";"此时应该做而且能够做的事,就得在此时做,不拖延到未来";"此地(我的地位、我的环境)应该做而且能够做的事,就得在此地做,不推诿到想象中的另一地位去做"(《谈立志》)。① 人生有限,应当在有限的人生做出更有价值的事来。"三此主义"是面对人生之有限性的一种积极态度和有效方法。

3. 提升人生境界。因为清醒地意识到人生的不足、生命的不完满,所以人们才会不断地与这种不足、不完满做斗争,追求更理想、更美好的人生。如追求"三不朽",实现自身价值,讲求"一体之仁"等,这些都是克服有限人生所做出的努力。冯友兰、张世英都很重视人生的境界。冯友兰提出的四个境界,从低到高,分别是:自然境界、功利境界、道德境界、天地境界。张世英把人的生活境界分为四个层次,即欲求境界、求知境界、道德境界和审美境界。二者的提法大体一致。境界说的基础,是人的生命存在;没有人的生命存在,也就谈不上生命发展,谈不上精神提升。境界说一方面承认人的各种为了生存、为了生命发展而来的欲求的合理性,另一方面又不满足这种基本的存在状况,而是努力超越、努力提升,从生命的有限达到精神的自由。境界说的深刻之处,就在于承认人的有限性、物质性,同时要求超越这种有限性、物质性,追求更高的存在方式。像孔颜之乐,像张载的"民胞物与"的思想,像王阳明的"仁者以天地万物为一体"的观点,所体现的都是一种超越个体有限性的崇高境界。鲁迅说:"无穷的远方,无数的人们,都和我有关。"(《且介亭杂文末编·"这也是生活"》)这就是一种崇高的生命境界:将整个世界与自己关联起来。美育及其生命意识教育,应当为人的境界提升发挥积极作用。在冯友兰看来,最高的境界就是天地境界,天地境界就是"万物一体"的境界。冯友兰先生说:"一个真正能审美的人,于欣赏一个大艺术家的作品时,会深入其境,一切人我之分、利害之见,都消灭了,觉得天地万物都浑然一体,我们称这种经验为神秘经验,这是一种最高的精神境界。"②关于"万物一体",张世英先生有深刻的论述。张世英先生说:"天地万物本来是一气相通的无尽的整体,也就是'万物一体'乃存在之本然。我们平常所直接接触到的只能是在场的东西,但我们可以凭着想象力,把无穷无尽的未出场的万事万物与当前在场的东西综合为一体,这也就是我们对

---

① 《朱光潜全集》第 4 卷,安徽教育出版社 1988 年版,第 17 页。
② 冯友兰:《中国现代哲学史》,广东人民出版社 1999 年版,第 61 页。

'万物一体'的一种体悟，或者说是达到了'万物一体'的境界。"①"万物一体"的另一个表述是"万有相通"。张世英先生认为，"宇宙是一大互相联系的网络整体，任何一物（包括一人一事），都是这一大互联网上的一个交叉点"。他把这种"个体与天地万物融为一体"的情况称为"万有相通"："万物各不相同而又相互融通"。②从哲学上讲，宇宙万物都是相通的，是"万物一体"的，不仅人与人可以相通，而且人与物也是可以相通的。要体悟到这一点，需要觉解、需要智慧，但其基点或起点，还是人的生命意识，是人自觉到自己的存在，感受到自我是有生命、有情感、有欲望、有痛苦与欢乐等的存在；由此出发，凭着想象力，通过以己度人、以己度物，推己及人、推己及物，感知和认识他人、他物的存在，赋予他人、他物与自身相同的主体性，实现所谓同情、理解也即相通。美育所要做的，就是让人能够体悟到和觉解到这种人与人、人与世界的相通，从而提升人生境界。

4. 促进人的"诗意的栖居"。"诗意的栖居"是人们的愿望，但现实往往又成为人们厌烦、不满、批判、逃避的对象。现实也确实存在着各种丑恶的东西。但我们无法逃避现实，现实仍然是我们安身立命的地方，何况，"这世界不止眼前的苟且，还有诗与远方"。老子讲："天地不仁，以万物为刍狗。"天地虽然没有优待人类，但也同等对待万物。孔子说："天何言哉？四时行焉，百物生焉，天何言哉？""天"化生万物，其功至伟，但却不言。周敦颐不除窗前草，谓其"与自家意思一般"；程明道不除窗前草，亦谓"欲常见造物生意"，这是从细小的生命中看到生命的趣味。郭熙《林泉高致》云"春山淡冶而如笑，夏山苍翠而如滴，秋山明净而如妆，冬山惨淡而如睡"，"春山烟云连绵人欣欣，夏山嘉木繁阴人坦坦，秋山明净摇落人肃肃，冬山昏霾翳塞人寂寂"，不同季节的山有不同的形态，如同不同形态的美女一般；不同季节的山还让人产生不同的神情、不同的心情。"相看两不厌，唯有敬亭山""我见青山多妩媚，料青山见我应如是"，这大概就是山与人之间的情感互动吧。同样的现实，当它被生命化的时候，当你能感受到一个鸢飞鱼跃、活泼玲珑、光风霁月、灿然绽开的

---

① 张世英：《万有相通：哲学与人生的追寻》，北京师范大学出版社 2013 年版，第 149 页。

② 张世英：《万有相通的哲学》，《光明日报》2017 年 6 月 26 日。

世界的时候，当你感受到个体的生命与群体的生命、自然的生命和谐一体的时候，那种诗意将油然而生，产生所谓"形而上的慰藉"。没有或缺乏生命意识，也就感受不到世界的生机、生气、生趣。美育的生命意识教育有助于人们发现这种诗意。当然，人生的诗意化并非否定生活中的丑恶，让人沉溺于虚幻的、短暂的诗意的世界之中，而是让人感受到美的高贵、美的可贵的同时，激发起消除各种丑恶的积极性，努力去建设、创造美好的世界。

综上所述，美育应当提高生命意识教育的自觉性，将生命意识教育列为美育的一项必要内容，通过生动的学习教育，有效增强青少年的生命意识，培养健康积极的人生观，为其未来发展和幸福生活创造有利的条件。需要指出的是，在这方面可资借鉴的中国传统美学资源很丰富。生命意识也是中华文化历史悠久、影响深远的传统，体现了中华民族的智慧。习近平总书记《关于〈中共中央关于全面深化改革若干重大问题的决定〉的说明》指出："我们要认识到，山水林田湖是一个生命共同体，人的命脉在田，田的命脉在水，水的命脉在山，山的命脉在土，土的命脉在树。"[1]这段话用"生命共同体"这一比喻，生动地表明人、水、山、林、田、湖之间的密切的、不可分割的关系，体现了强烈的生命意识以及由此而来的生命整体观。可见，生命意识教育也与我国经济社会建设发展密切相关。

（本文为王文革、袁一宁合撰）

---

[1] 习近平：《关于〈中共中央关于全面深化改革若干重大问题的决定〉的说明》，《习近平谈治国理政》（第一卷），外文出版社 2018 年版，第 85 页。

美育的德育功能分析

立德树人是教育的根本任务。在"五育"中，德育被放在首要位置；在"五育"中，德育与美育的关系最为密切。美包含着真、善，美育可以达成德育的目标。面对当前德育存在的挑战，借助美育的优势开展德育，以美育德，是值得思考和重视的德育实施路径。以美育的方式开展德育，可以从内心、从情感方面促进道德的养成，以美育德就可以是问心的。因为美或审美活动具有令人愉快的性质，美育可以让人在愉快中形成道德修养，所以，以美育德便可以是快乐的。

一、美育可以达成德育的目标

康德说："美是道德的象征。"[①]美应当包含道德的内容，同时，道德也应当是美的。道德虽然是一种内在的东西，但总是要体现在言行中。道德作为一种"应该"的要求，也有理由获得人们的赞美，所以有德行之美，有"美德"一词。可见，德总是与美联系在一起的。但这只是"应当"的要求，事实上，道德与美的关系却并非这么直接、这么简单。"爱美之心人皆有之"，但正如孔子所说："吾未见好德如好色者也。""德"与"色"是两种不同形态的东西，人们对待二者的态度大不相同。"色"乃是一种直观的美，能马上产生审美效应；"德"是一种间接的美，需要一定的抽象把握能力才能感受到。如果不具备这种抽象把握能力，一种德行再高尚，一个人也是不能感受到它的美的。既然感受不到德行之美，那对道德的接受和践行就比对美的追求、喜爱要困难得多。德的确立并不那么容易。而

---

① ［德］康德著，宗白华译：《判断力批判》上卷，商务印书馆 1964 年版，第 201 页。

德育的开展，也往往存在相当的困难。如果德育采取说教的方式，灌输抽象的道德要求，试图以理服人，那么，这样的教学方式就会收效甚微。如果在美育中开展德育，在审美活动中达成德育的目标，从某种意义上说则可以克服德育的困难，为立德树人创造良好条件。这是由美育与德育的内在关联以及美育本身的特点所决定的。

美育与德育有着内在的关联性。蔡元培当年给美育所下的定义就是："美育者，应用美学之理论于教育，以陶养感情为目的者也。……所以美育者，与智育相辅而行，以图德育之完成者也。"①在他看来，美育的目的是陶养情感，是为了与智育一起完成德育。他认为，人的情感是需要陶养的，"人人都有感情，而并非都有伟大而高尚的行为，这由于感情推动力的薄弱。要转弱而为强，转薄而为厚，有待于陶养。陶养的工具，为美的对象，陶养的作用，叫作美育"②。美育是主情的教育，通过情感的陶养可以促进道德的培养。这个思想与席勒一致。席勒认为"道德状态只能从审美状态中发展而来"③，所看到的是审美对人的道德养成所具有的建设性作用。在这方面，中国的传统艺术表现得尤为明显。"中国的传统艺术，深刻地传达了中国文化的一种精神境界和生活情趣。这不仅仅是艺术和社会的关系，也包括艺术自身的特点。通过艺术教育，懂得做人、做事的道理，才能去体会人生，体验生命。"（楼宇烈《中国人的艺术与生活》）

美育的功能与美或审美活动的特点有关，因为美育是以美或审美活动为其教育内容或方式的。康德认为，审美判断（鉴赏判断）具有无目的的合目的性、非概念的普遍性。蔡元培对此有生动的阐述。蔡元培认为，美育之所以能陶养感情，就是因为美具有普遍性、超越性。因为美具有普遍性和超越性，所以，"纯粹之美育，所以陶养吾人之感情，使有高尚纯洁之习惯，而使人我之见、利己损人之思念，以渐消沮者也"④。蔡元培通过美育来实现德育的思想是很有深刻性的。任何审美活动都可以视为一种

---

① 金雅主编、聂振斌选编：《中国现代美学名家文丛·蔡元培卷》，浙江大学出版社 2009 年版，第 104 页。
② 金雅主编、聂振斌选编：《中国现代美学名家文丛·蔡元培卷》，浙江大学出版社 2009 年版，第 125 页。
③ ［德］席勒著，冯至、范大灿译：《美育书简》，上海人民出版社 2003 年版，第 183—184 页。
④ 金雅主编、聂振斌选编：《中国现代美学名家文丛·蔡元培卷》，浙江大学出版社 2009 年版，第 95 页。

广义的美育。在审美活动中，主体感受到了美，体验到了高雅、高尚的情感，与他人分享、共享美，与他人产生情感的共鸣共振，在获得精神满足的同时，也渐渐培养起了爱心、同情怜悯之心、爱美向善之心、群体公益之心等。这样，审美活动就具有了道德教化的作用。朱光潜也很强调审美在道德教化中的作用。他说："我坚信情感比理智重要，要洗刷人心，并非几句道德家言所可了事，一定要从'怡情养性'做起，一定要于饱食暖衣、高官厚禄等之外，别有较高尚、较纯洁的企求。要求人心净化，先要求人生美化。"（《谈美·开场话》）[1]朱光潜在这里强调"人生美化"的重要性，既认为美育是德育的路径，也认为美育是德育的前提。

在审美活动中，随着审美经验的积累，主体的审美能力也会得到不断提升。早在古希腊时代，柏拉图就在《会饮篇》中指出了这个提升的过程：第一步是从爱一个美的形体开始，第二步是从爱一个美的形体发展到爱一切美的形体，第三步是进一步去爱心灵的美，第四步是更进一步，去爱行为和制度的美，第五步是进而看出学问知识的美，这样就把爱美之心推广到对一切事物的美的喜爱上了。[2]柏拉图指出了审美能力从具体到抽象的提升过程。他所提到的"心灵的美""行为的美"等，实际上已包含了道德的内容。由此我们可以说，通过培养对一般感性事物之美的热爱，进而达到对抽象事物之美的热爱；借助于对美好事物的热爱，人们就能发自内心地追求理想人格、追求完美道德、追求美好人生。如果到了柏拉图所说的第四步，人们也就能够去爱德行之美了。

二、以美育德可以是问心的

朱光潜在《谈情与理》一文中将道德分为问心的道德和问理的道德，认为"问理的道德迫于外力，问心的道德激于衷情，问理而不问心的道德，只能给人类以束缚而不能给人类以幸福"[3]，他还说，"仁就是问心的道

① 《朱光潜全集》第 2 卷，安徽教育出版社 1987 年版，第 6 页。
② 《朱光潜全集》第 1 卷，安徽教育出版社 1987 年版，第 232–233 页。
③ 《朱光潜全集》第 1 卷，安徽教育出版社 1987 年版，第 44 页。

德，义就是问理的道德"，他还认为问心的道德胜于问理的道德。如果说将道德分为问心的和问理的这种分法有其合理性，那么，德育也就有问心的和问理的两个路径，而且，迫于外力的道德说教往往效果不佳，而源于情感的道德激发则使人由衷赞同。这不是说问理的德育不重要，重要的是德育要从情感上去感染人，让人产生喜怒哀乐之情，然后从道理上进行引导，将情感态度和感性经验上升到理性判断和理性追求。感性无理性则盲，理性无感性则空。仅有情感的体验或仅有理性的判断是不够的，必须将二者结合起来、统一起来，做到理性判断具有感性基础，感性经验能够上升到理性判断。这样的德育就是完整的、有效的。现在的问题是，问心的德育显得不够，应当强化问心的德育，而审美教育则具有问心的道德教育的作用。

美作用于感性、作用于情感，这使美远比德，甚至比一切理性的东西更容易被人接受，并能深入内心，从内心深处发挥作用，所以，美育可以达到抽象的道德说教所达不到的效果。"感人心者，莫先乎情。"情，就是生命的体验与律动，情也是源自内心的动力。一方面情能打动人，使之受到感染；另一方面情能推动人行动。情有高尚低俗之分，也有理性和非理性之分。审美之情则是高尚的、合乎理性的情感，因而也就能培养人的高尚、理性的情感。

道德作为一种行为规范，意味着对人的行为进行要求，意味着对人的欲望进行约束。例如，"君子爱财，取之有道"，就意味着获取财富的方式要合乎"道"的要求。如何使道德要求是发自内心的呢？审美教育、审美活动是能够促进这种要求的生成的。比如，一朵鲜花，它是美的，美的东西你是会珍惜的，是不忍心毁坏的。这就形成了对个人欲望的一种约束，而且是快乐的约束。审美还能培养人的同情、关爱之心。在审美活动中，人往往能产生感同身受的体验，即康德所说的"共通感"。这就意味着人能"痛苦着你的痛苦，快乐着你的快乐"。例如，林黛玉的《葬花吟》："花谢花飞花满天，红消香断有谁怜？游丝软系飘春榭，落絮轻沾扑绣帘。闺中女儿惜春暮，愁绪满怀无释处。……侬今葬花人笑痴，他年葬侬知是谁？试看春残花渐落，便是红颜老死时。一朝春尽红颜老，花落人亡两不知！"①《葬花吟》在抒发对落花的怜爱的同时，也由花的飘零想到自己的身世，哀悼自己命运的悲苦。在这里，落花也成了和作者一样具有生命、身世同样悲苦的人。再如，丰子恺看到一只蚂蚁受伤、另一只蚂蚁奋力救助的情景，大为震惊，不禁感慨道："这样藐小的动物，而有这样深挚的友爱之情、这样慷慨的牺牲精神、这样伟大的互助精神，真使我大吃一惊！"②他还起身向两只蚂蚁敬礼。这种同情、关爱，如果面对的是人，其引发的行为也一定是高尚的、道德的行为。在这里，对丰子恺来说，道德要求并非外加于他的，而是他发自内心的、油然而生的情感。如果具有了深厚的同情、关爱之心，那么就可以说具有了道德要求内化的心理基础。道德所要面对、所要调整的，就是人与人的关系问题。美育丰富人的情感，激发人的爱意，培养人的同情怜悯之心；而具有这种情感的人，往往能推己及人、推己及物，从对方出发、从对象出发，把人当人，把别人当作和自己一样的有血有肉有生命的人，甚至把物当人，赋予对象以人一般的生命、情感。

像林黛玉对落花的怜悯、丰子恺对蚂蚁的同情，体现了中国传统文化中的"天人合一"的思想。像张载的"民吾同胞，物吾与也"的思想，就是一种"天人合一"的生命一体观。这种思想将他人、外物都视为自己的同胞兄弟、来往的亲朋好友。由此出发，他人、外物也就无不可亲可爱。"清风明月本无价，近水远山皆有情。""落红不是无情物，化作春泥更护花。"这样的世界就是一个美丽的世界，也是一个亲善的世界。亲善的世界，是人眼里的、心中的世界。世界的亲善当然也与个人的亲善息息相关，亲善者看世界，世界也往往着上亲善的色彩。人与世界融为一体，世界不再是对立的、外在的世界。你也分不清是你的亲善还是世界的亲善。亲善与美好、道德与审美，在这里实现了统一。这也是一个充满生命的世界，对生命世界的感受、感悟，让人感受到自己与世界是融为一体的，产生所谓"形而上的慰藉"。程颢说："万物之生意最可观。"生意、生命，就是诗意的，就是美的。美的东西当然值得热爱，热爱生命就是热爱美。

人们常说的一些有关道德的格言，例如"己所不欲，勿施于人"，看

---

① 曹雪芹：《红楼梦》，人民文学出版社 1982 年版，第 382-383 页。
② 丰子恺：《丰子恺自述：我这一生》，中国青年出版社 2015 年版，第 309-310 页。

起来是对自己的约束、限制，其实也是对他人的同情、理解。感受自己、关爱自己并不难，难的是对他人的感受、关爱。因为每个人都是不同的个体，要与他人产生感同身受的感受是很困难的。要让一个人主动去感知他人也是很困难的。但审美则具有让人去感受他人、体验他人情感的本事，有让人受到感动的作用。可见，美育是可以问心的，以美育德，便也可以是问心的。

三、以美育德可以是快乐的

人们一般把道德视为一种具有强制性的规范要求，而这种规范要求是不可能让人自由愉快的。这是就一般情况而言的。当一个人将道德化为自己的内在需要的时候，按照道德行事，便是按本性行事，便能获得快乐。人们常常提到的"孔颜之乐"便是如此。安贫乐道，对一般人来说是非常困难的事情，但如果将生活与审美结合起来，让生活呈现出美的光彩，那么，这种生活便是有趣味、有品位、值得一过的生活。

审美活动只关注对象的形象，并从这种关注、观赏中产生愉悦。在审美活动中，人一时忘我、忘物、忘怀，进入物我合一、情景交融的"意象"的世界。这是一种自由的境界，是充满诗情画意的世界。这种愉悦的极致，是可能产生马斯洛所说的"高峰体验"的。美作用于心灵，让人产生愉悦，让人获得精神的解放。对于美，人有一种天然的喜爱与亲近。所以，席勒说："美固然是形式，因为我们观赏它；但它同时又是生活，因为我们感觉它。总之，一句话，美既是我们的状态又是我们的行为。"[1]

审美活动不仅给人以愉快，还激励人的自我提升。叶朗先生在论述"美在意象"时说："在美感中，当意象世界照亮我们这个有情趣、有意味的人生（存在的本来面貌）时，就会给予我们一种爱的体验、感恩的体验，它会激励我们去追求自身的高尚情操，激励我们去提升自身的人生境界。"[2]爱的体验、感恩的体验是愉快的。如果说审美活动能够激发甚至伴

---

① ［德］席勒著，冯至、范大灿译：《美育书简》，上海人民出版社 2003 年版，第 207 页。

② 叶朗：《美学原理》，北京大学出版社 2009 年版，第 81 页。

随着高尚情操的追求、人生境界的提升，我们也就可以说，高尚情操的追求、人生境界的提升也可以是愉快的。

中国传统文化中的"比德"，从某种意义上讲，就是将审美与德行修养统一起来的精神追求的一种体现。王徽之寄居他人空宅，也要让人种上竹子，谓"何可一日无此君"。竹，在中国传统文化中被赋予了高尚的精神品格。王徽之在住宅周围种竹，不能仅仅视为一种美化环境的行为，也可以视为个人志趣的外在表现。竹在这里就成了道德的象征。像陶渊明的爱菊、周敦颐的爱莲、林和靖的爱梅，便是将审美与道德、与个人志趣统一、融合为一体了。这可以说是生活审美化，当然也可以说是生活德育化。

快乐是一种积极的、肯定性的情感体验，是内在生发的情感体验。助人为乐、乐善好施，从助人、行善中获得快乐，也就乐此不疲、欲罢不能了。前段时间，网上受到热烈关注的一件小事是：成都两名小朋友捡到五角钱后把它交给广场执勤的民警。那位民警收下五角钱，询问小朋友的姓名、住址等信息，认真地做了笔录。这件小事给足了做了好事的小朋友"仪式感"。据报道，在这个过程中，两位小朋友很配合，也非常开心。在这里，"仪式感"是值得关注的方面。在这种"仪式"中他们体验到了快乐，而这种快乐与游戏的快乐、与审美的快乐有着某种相通性。也许，对他们而言，他们不仅意识到这种行为是好的，而且感受到这种行为是美的。这就将道德行为转化成了快乐的感性体验。

冯友兰提出人生的四个境界，从低到高，分别是自然境界、功利境界、道德境界、天地境界。他在论及蔡元培"以美育代宗教说"时认为审美活动所达到的境界是"一种最高的精神境界"[1]。冯友兰在这里所说的"最高精神境界"，应当相当于他所说的天地境界。这个最高的精神境界，张世英称为"审美境界"。张世英把人的生活境界也分为四个层次，即欲求境界、求知境界、道德境界和审美境界。叶朗先生在谈到审美人生时说："对于自我实现者，每一次日落都像第一次看见时那么美妙，每一朵花都令人喜爱不已，这就是中国古人所说的乐生。一个人能够乐生，享受

---

① 冯友兰：《中国现代哲学史》，广东人民出版社1999年版，第61页。

人生，那么对于他来说，就把握了现在，世界上一些事物的利益和价值就不一样了，他的人生就成了诗意的人生，这样的人生就充满了意义和价值。"① 这样的人生，自然就是美好的人生，也就是达到了审美境界的人生。

在这里，审美境界高于道德境界，审美人生高于道德人生。但我们在理解天地境界或审美境界、审美人生的时候，却不能认为它与道德无关。审美境界相对于道德境界的"高"，并非对道德境界的简单否定，而是对道德境界的一种超越。道德境界作为人的精神发展所必有的一个阶段、环节，具有其必要性、合理性。在审美境界中，道德境界融入审美境界之中，并在审美境界中以更自由、更合乎本性、更和谐、更自然的方式存在和显现出来。而在审美境界中存在和显现出来的道德，便是"从心所欲不逾矩"的道德。这样，这种对审美境界的追求，是美育的，也包含着德育的内容。

可见，以美育的方式开展德育，以美育德，可以是快乐的。

---

① 叶朗：《精神境界与审美人生》，《中国艺术报》2015 年 7 月 31 日。

在审美创造中激发生命意识

——关于当前审美教育的一点思考

　　当前，美育已经列为我们学校的教育方针，培养德智体美全面发展的人成为我们的教育目标。但如何在学校教育中落实美育，仍是一个亟须探讨和解决的重要课题。美育不能浮在表面，不能流于说教、流于形式；美育要在学生的成长、发展中发挥真正有效的作用。我们不能不正视当前美育所存在的缺失，正视美育所面临的挑战，从现实出发，探索实现审美教育的有效路径，让美育在学生的全面健康发展中承担起人格培养和精神塑造的职责。

审美教育的缺失 [1]

　　大学校园本应是一处宁静美丽的地方，人们在这里可以潜心学习知识、追求真理、完善人格、提升精神境界，以便发展自我、服务社会。但不时发生的校园伤害案件不能不令人震惊。人们不禁要问：这一片净土怎么了？

　　对于这种现象，我们除了谴责恶行者，还应当反思教育，以便及时调整教育的内容和形式。一段时间以来，我们的教育片面强调竞争，片面强调智能的开发利用，忽视了人的身心和谐发展，特别是忽视了敬畏生命意识的培养，以致在一些人那里对生命是淡然漠视甚至是有些冷酷无情的。这种状况的可怕之处在于，一个漠视生命的人可以把他人当地狱，可以出

---

[1]　王文革：《美丽人生从敬畏生命开始》，《人民政协报》2013 年 4 月 24 日。

于一己得失的计较而无情地伤害他人乃至毁灭他人。教育不是促进人的片面性发展，而是要促进人的全面发展。笔者认为，当前教育特别要加强敬畏生命意识的培养。这是从心灵上让人和谐起来、美丽起来的重要方面。

敬畏生命，从正面来说，体现为对生命的关爱和尊重。这是一种推己及人、爱己及人的意识。人都是爱自己的，但作为一个社会化的人来说，还必须关爱他人。一个人要在感受体验自己的苦乐的同时能够感受体验他人的苦乐，培养起同情他人、同情生命的能力，做到关爱他人。关爱生命，消极的要求是己所不欲勿施于人，积极的要求是己所欲施于人。如果在意识到自己的存在的同时也意识到他人的存在，在意识到自己的主体性的同时也意识到他人也是与自己一样的存在的主体，这样就能够尊重他人。对生命的尊重，消极的一面是要克制自我、理解他人，积极的一面是能够帮助他人、有益于他人。更进一步，还应当能够从对他人的关爱、尊重中获得愉快、获得自我的肯定。敬畏生命，从反面来说，就是对伤害生命、毁灭生命现象的畏惧和反对。这种意识维护生命的正当权益、正常存在，阻止、制止对生命的任何伤害。

孟子曾讲"恻隐之心，人皆有之"。比如，当一个小孩爬向井口的时候，不论什么人看见了，都会为小孩捏把汗，都会情不自禁地跑过去把这个小孩从井口抱开。这个例子说明了一般人性中普遍具有的那种美好善良的东西。这个东西正是人向善向美的条件和根基。但人在生活中，这点可贵的东西可能遭到压抑、遮蔽，于是恶的一面就可能生发出来。谁也不是天生的恶人、坏蛋，谁也不是一出生就以作恶、害人为人生目的。但如果那种恻隐之心蒙尘、个人欲望膨胀，一个人作恶、害人就有了主观的动机和理由。在这里，除了法律的惩罚、道德的规范之外，个人的自我约束、自我完善就显得尤为重要。而敬畏生命的意识恰恰具有这种自我约束、自我完善的作用—— 一个关爱生命、尊重生命并以此为乐的人，怎么可能去做伤害生命、毁灭生命的恶行呢？

在敬畏生命方面，先贤有很多深刻的论述。如张载就说"民吾同胞，物吾与也"，认为他人就是自己的同胞兄弟，万物都是自己交往的朋友。郑板桥则说得更形象。他反对在笼中养鸟，认为以这种方式养鸟不公平，是图自己的快乐而违背了鸟的天性的。那么如何养鸟才好呢？他说："欲养鸟莫如多种树，使绕屋数百株，扶疏茂密，为鸟国鸟家。"这有什么好处呢？在树林中鸟儿们自由自在地生活，它们的歌唱飞跃又可以给主人带来极好的视听之娱——这不是一种人鸟和谐相处的美丽之境吗？他对用发丝系着蜻蜓、用绳线绑着螃蟹给小孩玩，一会儿蜻蜓、螃蟹就被扯拽而死的现象是极力反对的。他说："夫天地生物，化育劬劳，一蚁一虫，皆本阴阳五行之气，氤氲而出。上帝亦心心爱念。而万物之性，人为贵。吾辈竟不能体天之心以为心，万物将何所托命乎？"这是从道理上来认识为什么要敬畏生命了。因为万物包括蚂蚁虫子之类都是天地所生，连上帝都怜恤爱念它们，作为具有尊贵之性的人为什么不能怜恤爱念它们呢？在这里，郑板桥说的是对鸟、对蜻蜓、对螃蟹、对蚂蚁虫子这些微贱生物的关爱，那么，对于人就更不用说了。

近来出现的"最美妈妈""最美司机""最美老师"等，危难时刻无不是把他人生命放在崇高的位置来对待的，所体现的就是对生命高度关爱、高度尊重的精神。可见，敬畏生命指向最美人生。而我们的教育特别是审美教育却多少忽视了敬畏生命的教育，这不能不说是当前审美教育的一大缺失。

审美教育的职责与挑战 [1]

"美丽中国"的理念包括美丽人生、美丽社会、美丽环境等方面的内涵。从某种程度上讲，美丽人生是实现美丽社会和美丽环境的重要前提，而美丽社会、美丽环境则是为美丽人生服务的。美育工作者应当倡导美丽人生，发挥美育的特殊作用。

较之其他门类的教育，美育最突出的特点在于，它是与感性和生活密切相关的教育活动。美育不是抽象的、理性的教育，主要不是晓之以理、以理服人；它是通过感知、情感的活动来熏染心灵、陶冶人格，主要是动之以情、以情动人。因而美育是从人的最基本的层面来影响人、塑造人，

---

[1] 王文革：《美育不仅仅是心灵鸡汤》，《中国美育网·美育研究》2012 年 12 月 7 日。

即在对审美对象的感知中产生对真善美的欣赏，并发自内心地生起对真善美的向往（其反面便是对假丑恶的贬斥），从而丰富心灵，提升精神境界，塑造健全人格。这当是美育的第一个作用。有了这样的倾慕之心，才会有这样的追求之意，才会有这样的付诸行动的实践，也即在实际生活中创造真善美。这即是美育要达到的第二个作用：激发创造。创造是人主体性的体现和实现。欣赏也是一种创造。在与对象的相互作用中，如果主体能够"看"到一个"意象的世界"（叶朗），这就是审美的创造了。这个意象的世界不仅让我们看到生活的本真，还让我们获得极大的愉悦。因此，能欣赏、能发现世界和生活的美，就是在创造美丽的人生。当然，这种能力是需要培养的，因为再美的音乐对于不懂音乐的耳朵来说也是没有意义、不起作用的（马克思）。创造的另一个含义，是创造出新的"作品"。通过具体的实践和行动，主体将自己的愿望、情感、态度、意志、想象、智慧、技巧、能力等诸多因素都灌注到、实现于自己的作品（这里的"作品"，是就其最广的意义来说的，可以是精神的，也可以是物质的）中。借用郑板桥的话，如果欣赏中所"创造"的是"胸中之竹"，那么，实践中所创造的就可谓"手中之竹"了。主体将在创造的过程和结果中看到自己、满足自己、欣赏自己。这样的意识和感受，就可以说是审美的意识和感受。这样的创造就是审美的创造。审美的创造可以渗透、融贯到生活和人生的各个方面，从而构成美丽人生的重要内涵。

可见，美育不仅仅是心灵鸡汤，给紧张、焦虑、痛苦的心灵以某种慰藉；它更重在通过对审美对象的感知来培养对真善美的欣赏、向往、创造，从而塑造健全人格，倡导美丽人生。这当然也是美育工作者的重要职责。履行这样的职责，在当前语境下面临诸多挑战，比较突出的有：①现实学习活动功利性的强化导致美育的被遮蔽。学生都面临着升学、就业、生存、发展等的直接的、刚性的目标要求，这些目标要求压抑了他们的审美需求。②现代、后现代各种思潮的影响导致美育的被轻视。学生的权利意识、个人中心意识、求新求变意识等空前高涨，他们往往对老一套的美育乃至其他相近相似的教育方式表现出一定的漠视乃至逃避倾向。③经济社会的快速发展导致美育自身的不适应。新的事物以前所未有的速度和规模进入现实生活，新的现象、新的问题不断涌现。美育如果不能与时俱进，也就会被学生讥为 out 了。

美育如何贴近现实、深入生活、走进学生心灵，是美育工作者要克服的难题，也是美育发挥其特殊作用的路径。作为一项没有实际功用的教育活动，美育要发挥其"无用之用"，既是挑战，也是机遇，意味着美育工作者可以也应该有所作为。

审美教育的有效路径 [①]

　　当前，我们的美育方式，还主要停留在知识传授和审美欣赏层面上。这种状况所带来的主要不足，一是学生主体性发挥不够。审美教育当然离不开一定审美知识的学习和审美欣赏的体验，但仅仅这样是不够的，因为在这样的教育活动中，学生还几乎是处在被动的、接受的状态，其主体性地位还没有得到很好的体现和实现。二是与感性体验有距离。在教学活动中，知识传授固然是一种理性的学习活动，而审美欣赏也往往成了抽象的思想情感或艺术特点的传达，与真正的审美感知或情感体验往往隔了一层。"纸上得来终觉浅，绝知此事要躬行。"要使学生更深刻地体会到审美快感，就应当让学生参与到创造活动中。三是对学生个性尊重不够。现有的审美教育活动一般是按照课堂教学的方式进行的，同一课堂的学生接受的是完全相同的教育活动。这样，学生的个体性、差异性就没有得到足够的尊重。要想发挥学生的主体性、个体性，实现审美活动的感性化、体验化，改变审美教育不太理想的状况，需要寻求更有效的教学方式。在审美教育中，可以引进文化创意的教学内容，引导学生开展各种文化创意活动。文化创意虽然离真正的、高水平的作品创造有距离，但可以视为真正作品创造的一种练习或准备，而且提出新的创造设想、概念或意念也是真正创造所必不可少的，是实现真正创造的前提或开端。我们认为开展文化创意活动是发挥学生主体性、提高审美教育的有效方式，是基于文化创意活动本身与审美活动的密切关联，文化创意可以走向审美之境从而达到审美教育的目的。

　　文化创意通向审美之境。文化创意活动具有情感逻辑和自由表达的特

---

　　① 本文参见王文革：《文化创意的形上之思》，《云梦学刊》2013 年第 2 期。

点。①文化创意体现出很强的意愿性、体验性，遵循情感的逻辑，而且情感在这里起着有力的推动作用。因为遵循情感的逻辑，于是便有了自由的表达。文化创意需要自由的表达，也形成自由的表达。所谓的自由表达，第一个含义是表达不受制约、不受压抑，第二个含义是通过精神文化作品的创造来实现个人的意愿，实现对现实和客观世界的突破和超越。情感的逻辑与自由的表达对于创意者来说其实是一体的，如果没有自由的表达，情感的逻辑就无以实现；而自由的表达又往往体现了情感的逻辑。遵循情感逻辑和自由表达的原则，正是审美活动的主要特点。这个特点在文化创意活动中的达成较之审美知识的传授和审美欣赏的传递来说更为容易、更为有效。在创意活动中，创意者将自身的智慧技能对象化，提出新的文化产品的设想、概念或意念，正是其自我表达、自我实现、自我超越的一种有效方式。创意的过程，是创意者体验创造的过程，当然也是体验生命的过程，因为创造的过程也是生命外化的过程；创造的喜悦，自然也是对自我的高度肯定和对生命的深度体认。

文化创意可以通向生命的认同。这种创新没有一定的模式，没有固定的标准，其出发点与落脚点都是创意者的个性表达。在强调个性的时代，文化创意活动正好能够契合人们的这种需求。创意可以各不相同，于是，从总体上看，这种个性追求在创意中也正可以体现生活和人生的丰富多彩。创意者按照自己的意愿和美的规律进行创意活动，也体现了人们对生活的热爱和对更美好生活的向往。就是这种追求，充实了生命，丰富了心灵，提高了人的精神境界。创意因其个体性、原创性，便显示出"新"的特征。这个"新"的意义就在于，当现实本来如此（Just so）的时候，文化创意却呈现了一个与之相对的可能如此（May so）的世界。"群籁虽参差，适我无非新。"精神文化产品讲究的就是一个"新"字。新，才可以巧，才可以奇，才可以美。创意要出新，而高明的创意则往往能够翻奇出新，做到反常合道、无理而妙，显示创意者的慧心。每一个成功的文化创意作品，都向人们呈现出一个新的世界，让人感受到一种新的境况，获得一种新的体验。这样，文化创意活动就拓展了人们的感知领域，使人获得

审美教育的有效路径

---

　　① 李思屈：《审美经济与文化创意产业的本质特征》，《西南民族大学学报》（人文社科版）2007 年第 8 期。

超越现实生活的、具有审美特点的体验。有了这种体验，也就可以做到"各美其美"，进而"美人之美"，使人更易于理解和肯定他人的创意，理解和肯定他人之美，最终实现"美美与共，天下大同"。这是一种生命的认同。

文化创意可以激发生命力。文化创意要不满足于现有的精神文化产品，在现有精神文化产品的基础上产生创造新的精神文化产品的冲动和欲望。这样，通过文化创意活动，能够激发人们精神文化上的不满足感。人的精神满足状态对人自身的生存发展并没有太多的积极性，事实上，满足感只能是暂时的感受。我们说"知足常乐"，但这种"乐"只是一种平静的无欲状态，与愿望未餍时的那种渴望的心力不可同日而语，也和愿望获得满足时的那种强烈感受不可相提并论。生命力在愿望的追求中得到激发和展现。文化创意激发这种文化愿望，强化这种文化需求，实现这种文化创造，从而对人的生命力起着某种建构作用。

文化创意活动可以引人向善。虽然在具体的文化创意活动中不一定显示出明确的目的，但我们不能否认的是文化创意是有着很强的价值取向的。创意者按照合乎自己意愿的方式开展创意，同时，好的创意还必须合乎道德，合乎人性，合乎公共利益，合乎社会的发展方向。只有这样的文化创意才是有益有利的。有益性是文化创意成功的前提和旨归。在审美教学活动中开展文化创意活动，可以实现个人意愿与社会要求的统一。这样，文化创意的过程又成为创意者自我完善、自我提升、自我丰富的过程。尽管文化创意是个人的创造、个性的发挥，但其创意必须以人为尺度，合乎人的需求，特别是合乎善的和美的需求。这样，文化创意活动就以一种积极的态度，可以"无中生有"，创造出现实中本来没有的东西，从而丰富现实生活，创造新的生活，并激发对生活的热爱。

可见，文化创意活动关涉生命、生活、生存意识。如果通过开展文化创意活动实现学生对生命的关爱、对生活的热爱、对生存的关注，那么，这样的审美教育就是有效的。

文化创意可以作为审美教育的一种有效形式

《国务院办公厅关于全面加强和改进学校美育工作的意见》（国办发〔2015〕71号）指出，学校美育课程建设要加强实践环节的教学；对于高校美育来说，要强化学生的文化主体意识和文化创新意识。这实际上也指出了高校美育的实施路径和发展方向。

笔者认为，在高校开展文化创意教学实训活动是审美教育的一种有效形式。

创意，顾名思义，就是提出一个主意、产生一个设想。文化创意，简单地说，就是利用一定的文化资源，提出创造新的作品或文化产品的设想的活动。文化创意有偶发的，也有自觉的。作为一种教学实践方式，我们倡导和开展的是自觉的文化创意活动。文化创意是文化的创意，其材料是文化资源，其产品是文化产品。在利用文化资源特别是传统文化资源进行创意的时候，创意者也不仅仅是对文化资源的简单利用，而是加入了个人理解，加入了时代元素。这样的利用，就不同于纯粹的学习与接受，而是带有创新与发展的意味。文化创意要遵从善美的原则，要以人为本，要以文化人。文化创意的过程，对于学生或创意者来说，就具有将文化内化于心、外化于行的作用。

文化创意是文化创造的前奏。马克思说："蜜蜂建筑蜂房的本领使人间的许多建筑师感到惭愧。但是，最蹩脚的建筑师从一开始就比最灵巧的蜜蜂高明的地方，是他在用蜂蜡建筑蜂房以前，已经在自己的头脑中把它建成了。……他不仅使自然物发生形式变化，同时他还在自然物中实现了自己的目的。"[①] 人能在观念中预想自己的劳动成果，这是人区别于蜜蜂的地方。但对于创意者来说，仅仅预想已经存在的东西是不够的，他还可以预

---

① 〔德〕马克思：《资本论》第一卷，人民出版社2004年版，第208页。

想生活中没有的、不存在的东西。文化产品的创新创造不是重复、模仿现有的文化产品。要突破、超越现有的文化产品，没有预想是很难想象的事情。文化创意从观念上设计出新的产品或设想出新的目标，让人在动手之前即已"看"到未来的产品，从而激发其创造的激情，引导其开展创造活动。可见，虽然创意只是关于一个作品或文化产品的设想、"虚构"，但却是创造一个作品或文化产品必有的前奏。

创意的特点是新颖性、原创性。创意是一种意念的创造，是心动（欲望、冲动），更是动心（思考、实施），甚至还有动手（制作、完成）。创意往上关联文化，往下关联产品和生产。在当前中央大力倡导大众创业、万众创新的背景下，文化创意有其特殊的价值。对一个人来说，仅有爱美之心是不够的，还应该能够发现美、欣赏美、创造美。文化创意要遵循善的原则和美的尺度，文化创意活动因而使学生或创意者成为善的表现者、美的创造者。

相对于其他教学或生产活动来说，文化创意具有高度的可行性。广义的文化创意具有宽广的领域，所谓"生活无极限，创意无极限"，学生或创意者可根据自身条件或意愿进行力所能及的文化创意。文化创意也符合学生或创意者的意愿，能让学生或创意者体验到游戏、制作、动手的快乐。文化创意活动不仅能使学生或创意者对文化有更深刻的认识和体验，能使学生或创意者培养创新创造的意识和习惯，同时也能使学生或创意者对自身的创造性产生自觉和自信。我们的教学实践表明，文化创意实训是一门受学生欢迎，既是审美教育也是专业教育的课程。

文艺理论

艺术材质的隐与显

——以废品艺术为例

艺术作品总是要由一定的材质或媒介构成。离开一定的材质或媒介，艺术作品无以构成。材料、质料在艺术作品的创作、形成、存在中具有基础性的作用，道理很简单：艺术作品离不开材料、质料即物的因素，否则作品就不可能获得一定的载体或形态，作品也就不可能存在了。正如海德格尔在《艺术作品的本源》中所说："即使享誉甚高的审美体验也摆脱不了艺术作品的物因素。在建筑品中有石质的东西，在木刻中有木质的东西，在绘画中有色彩的东西，在语言作品中有话音，在音乐作品中有声响。在艺术作品中，物因素是如此稳固，以至我们毋宁反过来说：建筑品存在于石头里，木刻存在于木头里，油画在色彩里存在，语言作品在话音里存在，音乐作品在音响里存在。"[①] 物的因素，也即构成艺术作品的媒介或材质。不同的艺术有着不同的材质，不同的材质具有不同的艺术属性。艺术家们总在不懈地寻找、创新构成艺术作品的材质，因为材质的创新往往意味着艺术的创新；但材质的创新是一件困难的事情，一种材质不仅要有很好的艺术表现力、艺术构成力，还要成本低、易获得、好使用、寿命长、性能稳定。这样的材质一旦获得，它就往往与适合它的艺术形成较为稳定的关系，而材质的稳定也往往意味着艺术样式、创作手法等的稳定。这也有利于艺术经验的积累。比如，西方艺术家对绘画材料的探索就经历了长久的过程，直到凡·爱克兄弟（Hubert van Eyck, 1366？—1426 & Jan van Eyck, 1385？—1441）改进和完善油画材料后，近五百年来油画材料的性

---

① ［德］海德格尔著，孙周兴译：《海德格尔选集》（上），上海三联书店 1996 年版，第 239–240 页。

状才基本趋于稳定，技法逐渐丰富规范，在材料基本恒定的基础上，人们逐步建立了油画的传统。① 可见，材料的优良性与稳定性，有利于艺术规范的形成和完善。

一、不一般的材质"创造"了不一般的艺术作品

进入现当代以来，艺术材质的变化与艺术观念的变化、艺术种类的变化关系越来越密切。艺术材质的变化往往体现了艺术观念、艺术种类的创新。近代以来，人们不懈地进行了艺术材质的探索、创新，特别是现代以来，艺术家们尝试着各种艺术材料，几乎各种可以用到的材质都可能被尝试一下。1964 年，日裔美籍艺术家小野洋子创作了著名作品《切片》（*Cut Piece*），直接以自己的身体为材质创作作品。巴西艺术家纳勒·阿泽维多（Nele Azevedo）以冰为材质创作了《最低限度的纪念碑》（*Minimum Monument*）。她将数以百计的冰雕小人列阵排坐在大型公共建筑的台阶上，小冰人在温暖的空气和灿烂的阳光下不可遏制地慢慢融化，群像逐渐由生动端庄变得残缺颓唐，呈现出凄美和悲凉的景象。也有些材料艺术家创作出与材料本身属性相反的事物，如用坚硬的材料表现柔软，以固体的材料表现流体，以沉重的材料表现漂浮，以越轨的视觉挑战常理，如木制的棉被、石雕的涟漪、钢锻的气球、瓷塑的瓜子。② 这些创作均注重材质本身的属性和作用，材质在一定程度上直接成为艺术形象的构成部分。

我国当代艺术家徐冰也尝试着用各种材料创作作品。"干枯的树枝、废弃的麻绳、陈旧的报纸……这些生活中常见的'破烂'，被错落有致地摆放在磨砂玻璃光箱内，远看竟是一幅栩栩如生的《富春山居图》：墨色秀润淡雅，山水起伏有致。""大型装置作品《富春山居图》（即《背后的故事》之一——引者）将植物的枯枝、叶片、玉米壳等材料，通过修剪、拼接、粘贴在毛玻璃板背面，在灯光的映照下，纯白的毛玻璃像极了宣纸，遮挡物的幻影制造出了近处的水渍和远处的晕染，构成了一幅浓淡相

---

① 韦亦佳：《为了艺术的材料和因了材料的艺术》，《上海艺术评论》2017 年第 2 期。
② 韦亦佳：《为了艺术的材料和因了材料的艺术》，《上海艺术评论》2017 年第 2 期。

宜的水墨画。"① 上述文字所描述的是徐冰的装置作品《富春山居图》。这些文字所集中描述的是构成这个作品的材料、质料。材料、材质成了人们关注的重点。看来，材料、质料在这个作品的"创作"中占有特殊地位。对于这个装置作品，有几点需要关注：一是它是对一部著名的美术作品的"模仿"或"复制"。因为原型是大家所熟悉的，人们能够进行原型与仿作的对比。仿作愈是逼肖原型，便愈是能获得人们的好评，人们会赞叹仿作者的技巧、功夫。二是它使用了不一般的材质。这些材质，还不是正常的材质，而是各种废弃物品。利用这些废弃的物品而能"模仿"或"复制"出一部伟大的艺术作品，这将更令人惊叹作者的创意和巧妙。同时，也让人意识到，这些"不同寻常"的材料、质料，可以成为艺术的材质，并产生应有的表现效果。三是它把自己的正面和背面都展示出来了。一般的艺术作品，是以完成、完整、自足的正面状态出现在人们面前的，因而是没有"背面"的。比如，舞台表演，舞台背后是不面向观众的；影视作品，拍摄中剧情之外的情景是要剪掉的；文学作品，作品背后的情况（如作者对作品的修改、作者的生活逸事等）也是作品之外的东西。一般的艺术作品都是尽可能把艺术作品背后的东西遮蔽、隐藏起来，但徐冰的这个作品，正如其名"背后的故事"，除了让人看到那"墨色秀润淡雅，山水起伏有致""栩栩如生""浓淡相宜"的正面山水画，还要让人看到形成这个山水画效果的背面，那些枯枝、败叶、纸片、烂绳、木条等杂物、废弃物。从正面看不出背面为何物，从背面也根本看不出正面的效果。仿作与原作越相近，背面与正面的反差就越大。

显而易见，材料、质料在这部装置艺术作品或废品艺术作品中具有其特殊性。效果与材质之间产生强烈反差，形成艺术张力。

二、材质必须退隐到艺术形象的背后

材料、质料所发挥的基础性作用确实是不容忽视的，但我们也应看

---

① 张景华、俞海萍：《徐冰：不着笔墨画山水》，《光明日报》2014 年 7 月 11 日。

到，正如材料、质料要消失在器具的有用性中一样，材料、质料也应消失在艺术作品的形象性中。比如，绘画讲笔墨，但笔墨在艺术创作完成后就消失在艺术形象的背后，正如语言文字注定要消失在文学形象的背后一样。人们对于艺术作品的欣赏，也不是从纯然物的方面来欣赏的。比如，《维纳斯》雕像是石头做成的，但人们看《维纳斯》雕像并不是看这个外形像维纳斯的石头；《蒙娜丽莎》是由颜料画成的，但人们看《蒙娜丽莎》并不是看这个显现了蒙娜丽莎形象的颜料；听音乐也是如此，我们并不是听那个构成一定旋律的声音，而是在听由一定声音构成的那个旋律。材料、质料在完成其构造、呈现一定形象的功能的同时就退隐了。

如果执着于这种材料、质料，那就不是真正的艺术欣赏，进而作品就难以生成了。例如，美国学者埃尔金斯提醒人们关注油画画面上的裂缝。他说："裂缝可以说明许多东西，如作品是何时所画，作品的制作材料是什么，以及这些材料又是如何处理的。如果一幅画相当古老，那么就有可能掉下过几次，或者至少是被碰撞过的，而其未被善待的痕迹可以在画的裂缝中辨认出来。……注视裂缝，你就能分辨出什么是修复者替补上去的，因为新的色块上是不会有裂缝的。"[1]埃尔金斯在这里所"看"到的，是油画上的颜料的裂缝，也即作品材料、质料的状况，而不是油画的形象。对于埃尔金斯这种"看"油画的方法，叶朗先生不以为然，认为他的这种方法，"显然是属于主客二分的科学认识的模式，它力图认识外在的对象'是什么'，也就是力图求得逻辑的'真'。这种'看'，并不是审美的'看'，因为它不能生成一个情景交融的意象世界，即一个完整的、充满意蕴的感性世界，不能使人感受到审美的情趣。这种'看'，对于博物馆工作者、文物工作者、油画修复专家等等人士是有用的，甚至是可以使他们入迷的，但对于广大观众来说，是乏味的，没有意义的"[2]。可见，对材料、质料的关注与审美活动的关系是疏离的，或者说，它的功用不在其自身的显现或"在场"。材料、质料应当退隐到背后，否则审美活动就难以进行，意象就难以生成。这就是《庄子·外物》所说的"筌者所以在鱼，得鱼而

---

① ［美］詹姆斯·埃尔金斯著，丁宁译：《视觉品味》，生活·读书·新知三联书店2006年版，第29—30页。

② 叶朗：《美在意象》，北京大学出版社2010年版，第90页。

忘筌；蹄者所以在兔，得兔而忘蹄；言者所以在意，得意而忘言"。在这里，材料、质料是作品达成的媒介，是指示月亮的手指，是到达彼岸的舟筏，但不是作品本身。

与对材质的关注相类的是对笔触的关注。据说，"对笔触美感的认可意味着绘画材料语言意识的觉醒"。17 世纪，佛兰德斯大画家鲁本斯（Peter Paul Rubens，1577—1640）出使马德里，向西班牙青年画家委拉斯开兹（Silvay Velazquez，1599—1660）秘传"一次过"技法，在画面上率性显露笔触。凡·高（Vincent van Gogh，1853—1890）在他的画作《星空》里，油彩的笔触语言显得如此狂放，如同他生命的痕迹在画布上蔓延开来，并形成一种力量将色彩和造型的能量凝聚在一起。[1]阿恩海姆说："在文艺复兴前后，人们在评判和欣赏一件艺术品时，甚至倾向于把作品中那些清晰可见的素描笔触，也看作是艺术形式中的一个合法成分。就连雕塑家的手指印，也被保留在艺术品中，甚至在那些已经被塑成铜铸像的作品上，也是如此。"[2]笔触是创作艺术作品时画笔运行所留下的痕迹，笔触也是构成艺术作品的基本元素。笔触的好坏在很大程度上决定着作品的好坏。作为作品的局部或细部构成，笔触也是可以独立进行审美的，甚至这种审美还可以进一步推延到笔触与作品整体的关系。但总体来说，对于笔触的欣赏与对于整部作品的欣赏并不是一个层面的事情；笔触与材质一样，只是构成作品的东西，而不是作品本身。它们外在于作品，是观众在欣赏中应当"视而不见"的东西。

材质是为作品创造服务的。离开了作品，材质就还是材质而不是构成作品的东西。朱光潜说："事实上，现实生活中并没有悲剧，正如辞典里没有诗，采石场里没有雕塑作品一样。"（《悲剧心理学》第十三章）[3]现实生活是悲剧的材料、质料，辞典里的文字是诗的材料、质料，采石场里的石料是雕塑作品的材料、质料。这些东西都是悲剧、诗、雕塑作品得以完成的媒介，但不是悲剧、诗或雕塑作品本身。同时，材质在完成作品的构成

---

① 韦亦佳：《为了艺术的材料和因了材料的艺术》，《上海艺术评论》2017 年第 2 期。

② ［美］鲁道夫·阿恩海姆著，滕守尧、朱疆源译：《艺术与视知觉》，四川人民出版社 1998 年版，第 591–592 页。

③ 《朱光潜全集》第二卷，安徽教育出版社 1987 年版，第 453 页。

之后，就应当退隐；材质唯有退隐到作品的背后，作品才能生成。另外，如果作品中出现无关的东西，就会破坏作品的自足性。例如，某些艺术作品中出现的"穿帮"现象就是如此。当一部古装戏中出现了"统一"冰红茶，一群古代的冲锋的士兵背后出现了一辆拍摄车，几名古代的女子衣裙下面穿着一双高跟鞋……这时就出现了明显的"穿帮"。"穿帮"就是作品中出现了不该出现的东西，这些东西不是作为作品的有机组成部分而出现的，也就是说，它们没有融入作品、消解自身却纯然以一外物或无关之物出现。①对"穿帮"的关注，与对笔触的关注、对材质的关注一样，都会对作品的完整性、自足性产生消解作用。它们要么不该出现，要么应该退隐到背后。

三、另类艺术材质，另类艺术作品

各门类艺术都会选择适合自己的理想的材质。正如桑塔耶纳所说："感性的美不是效果的最大或最主要的因素，但却是最原始最基本而且最普遍的因素。没有一种形式效果是材料效果所不能加强的，况且材料效果是形式效果之基础，它把形式效果的力量提得更高了……假如雅典娜的神殿巴特农不是大理石筑成，王冠不是黄金制造，星星没有火光，它们将是平淡无力的东西。"②艺术作品与艺术材料、质料的完美结合才能创造出完美的作品。一种材质一旦被一门艺术视为自己的理想材质，这种材质就往往与这种艺术构成稳态关系。例如，水墨、油彩、大理石、金属、乐器、歌喉、演员、语言等就成了最常见、最理想、分别适合不同艺术门类的材料和质料。

尽管不同材质与不同艺术之间构成了稳态关系，人们还是不忘拓展艺术的材料、质料，寻找更为理想的表现媒介。一种新材料、新材质的发现和使用，往往意味着一种艺术创新和拓展。一般情况下，这种新材料、新材质的探索，往往是顺着艺术的特性进行的，也即新材料、新材质要能更好地生成艺术作品，能更有效地提升艺术作品的表现力。而用废弃物或垃圾作为艺术创作的材料、质料，则似乎与那种顺向而行的材料、材质创新

---

① 王文革：《传说中的"穿帮"》，《文艺报》2010 年 8 月 25 日。
② ［美］乔治·桑塔耶纳著，缪灵珠译：《美感》，中国社会科学出版社 1982 年版，第 52 页。

颇为不同：因为其他材质似乎都是专为艺术而存在的，其功用就是创造艺术作品；而废品则是其有用性、稳靠性已耗尽，用于艺术则是废物利用，它不是为艺术而生的，用于艺术纯属偶然。

　　废品之用于艺术，其在艺术作品中的身份显现十分突出。这也和一般材质进入艺术须退隐到作品形象背后的情况大不相同。在废品艺术中，废品不仅没有退隐到作品形象的背后，反而站到作品形象的前面来了，与其所构成的作品形象"抢风头"。徐冰的《富春山居图》这个装置作品，不仅让人正面看到作品，还让人从背面看到形成作品效果的东西——那些废品的使用。那么，我们会首先判断正面的东西才是作品，背面的东西只是构成作品效果的材料。从背面的材料完全看不出它所要呈现的作品。在这里，从正面看，材料也只是间接地透过玻璃、灯光等来呈现作品；而在背面，材料则是直接出场和在场。那么，背面的材料的陈放是否构成作品呢？为什么认为正面是作品，而背面不是作品呢？作品的特点是形象，是完整自足，是有意味的形式，是理念的感性显现……从正面可以看出这些，从背面则看不出这些，背后的材料种类杂多，摆放显得杂乱，不符合现有任何一种艺术的样式，看不出有什么意味，更何况是一些废弃物！正面与背面，作品与废物，在这里形成一种强烈的张力。这与在毕加索的《公牛》中直接看到作品与废弃的自行车配件的情况是相似的。这种情况，就是一种"双重显现"，即：在废品艺术中，我们可以看到废品材料所构成的艺术形象的显现，也可以看到废品材料自身的显现。①

　　废品艺术正是通过这种"双重显现"，让废品成为人们审视、关注的对象；在这种审视和关注中，废品的身份、价值将得到重新认识和确定。特别是在环保主义、环境美学兴起的时代，废品艺术有利于唤起人们的环保意识、绿色理念，让人们自觉构建人与物的和谐关系；当然，也可以由此进行更加深刻、更加抽象的形而上的思考。

————————

　　①　王文革：《废品艺术：化腐朽为神奇不是传说》，《中国艺术报》2015 年 3 月 27 日。

艺术材质的隐与显

四、材质在艺术作品中显示出新的身份

　　废品原本为各种有用的器物。器物的主要价值是其有用性。这是器物与艺术作品之间存在的根本不同。海德格尔在《艺术作品的起源》中提到凡·高画的一双农妇的鞋。实际的鞋又脏又破，可能要废弃了，但一旦入画了，它就有了新的意味。海德格尔对画中的这双"农妇"的鞋进行了颇为诗意、颇有情感的描述。画中的鞋与实际的鞋的身份、价值发生了变化，已是此鞋非彼鞋。作为穿在脚上的鞋，其价值集中于实用，实用性遮蔽、压抑了它可能具有的其他价值。进入艺术作品之后，画面上的这双鞋同样显得又脏又破，但不再具有实用性，是否能穿在脚上已不是判断其价值的标准，其审美价值反而彰显出来，使农妇的艰辛生活通过这双鞋呈现在观众眼前。这双旧鞋未入画前作为日常器具而存在，入画之后则改变了自己的身份，同时也改变了存在的状态，以艺术形象的方式出现。凡·高画的是一双几乎是废品的鞋，但并不意味着他所创作的是废品艺术。

　　废品艺术也不同于所谓"现成品"艺术。"现成品"艺术尽管改变了现成品的身份，但现成品的实用性、完整性并没有改变。而废品艺术中的废品，是它们的"有用性""稳靠性"均已耗尽，不再是作为一个器物或器具而存在了。而且，在废品艺术中，它们也不具有独立完整的形式，而是作为整个作品的一个构成部分出现的。废品艺术对它们的再使用，也不是在原有形态、原有结构、原有功能中再次发挥其作用，而是在一种新的形态、新的结构、新的功能中发挥它们的作用。这就是在艺术作品中发挥它们作为材料、质料的作用。在这里，这些废弃材料成了艺术材质，具有了艺术表现功能，从而开启了它们新的身份、新的功能、新的价值。"双重显现"正是这类艺术作品"成功"的关键。也许，在废品艺术的"双重显现"中，艺术作品的形象本身并不重要，通过艺术作品的形象性的生成来显现其材质的新的价值才是重要的。这样，作品形象本身的"主角"地位就受到影响，甚至在一定程度上也会成为构成它的那些废品的"配角"，为彰显那些废品的身份、价值发挥作用。实际上，在前文所引关于徐冰装置艺术《富春山居图》的报道中，记者所关注的也正是徐冰这个"复制"作品的材料、质料，以及它们在作品中所发挥的作用、所发生的变化。在

这里，人们看到，这些本为废弃物品的材料、质料同样可以达到笔墨创作的效果。

材料、质料在艺术作品的构成方面的作用是不容忽视的，没有合适的材料、质料，没有材料、质料的合适作用，艺术作品就难以生成。这一点与用合适的材料制作一定的器具一样，器具也是离不开合适的材料的。但器具中的材料、质料与艺术作品中的材料、质料的命运，在海德格尔看来是迥然不同的："石头被用来制作器具，比如制作一把石斧。石头于是消失在有用性中。质料愈是优良愈是适宜，它也就愈无抵抗地消失在器具的器具存在中。而与此相反，神庙作品由于建立一个世界，它并没有使质料消失，倒是使质料出现，而且使它出现在作品的世界的敞开领域之中：岩石能够承载和持守，并因而才成其为岩石；金属闪烁，颜料发光，声音朗朗可听，词语得以言说。所有这一切得以出现，都是由于作品把自身置回到石头的硕大和沉重、木头的坚硬和韧性、金属的刚硬和光泽、颜料的明暗、声音的音调和词语的命名力量之中。"① 器具所追求的是实际功用，只要它能发挥正常功用，它就还是正常的器具。人们关注的就是其功用性或器具性，至于它是由什么材质所构成、材质具有什么属性，那是次要的东西，甚至是不被关注的东西。而在艺术中，人们正是利用材质所具有的属性来呈现艺术形象，材质的属性在艺术形象中得到彰显。离开了材料、质料所拥有的这种独特属性，作品也就难以生成。

同时，按照海德格尔的看法，质料也在艺术作品中使自身得以持存，这种存在是不同于其构成实用性器具时的消耗性的存在、消失性的存在的："虽然雕塑家使用石头的方式，仿佛与泥瓦匠与石头打交道并无二致。但是雕塑家并不消耗石头；除非出现败作时，才可以在某种程度上说他消耗了石头。虽然画家也使用颜料，但他的使用并不是消耗颜料，倒是使颜料得以闪耀发光。虽然诗人也使用词语，但不像通常讲话或书写的人们那样必须消耗词语，但不如说，词语经由诗人的使用，才成为并保持为词语。"② 不过，他这里所列举的材质，往往是艺术最理想、最常用的材质。就一般情况而言，艺术作品需要借助材质的某种良好属性才得以生成，同

① ［德］海德格尔著，孙周兴译：《海德格尔选集》（上），上海三联书店 1996 年版，第 266 页。
② ［德］海德格尔著，孙周兴译：《海德格尔选集》（上），上海三联书店 1996 年版，第 268 页。

时，作为物质性的材质也在艺术作品中获得诗意的存在。在这里，艺术与材质具有良好的契合性。而在废品艺术中，材质本身偶然成为艺术材质，材质与作品并非稳定的关系，材质固然可以通过作品而获得新的存在方式，但作品却不一定需要某种废品作为自己的材质。

废品艺术因其使用的材质为废品而得名。（又因废品往往为各种具体的废弃物品，需要将其进行安装、放置才能构成一个作品，所以这种作品又往往属于装置艺术。）废品在这里获得了新的身份，并得以彰显。这是它不同于传统艺术理想材质的地方。这种情况也表明，材质的拓展与创新，往往意味着艺术的拓展与创新。

"亲自"之于艺术

在食堂、餐厅遇到熟人，有人会开玩笑地说："你也亲自来吃饭？"这句话的语义焦点在"亲自"。这是一句大实话，但也等于是一句废话：不亲自来吃又能怎么吃？饭得亲自吃，觉得亲自睡，话得亲耳听，景得亲眼看，等等，更进一步，爱得亲自去爱，恨也得亲自去恨，乐得亲自去乐，痛也得亲自去痛，基本的生理需求活动得亲自，高雅的精神需求活动也得亲自做，如果不亲自做，那就不能说是自己的活动。正如胡适《梦与诗》所言："醉过才知酒浓，/爱过才知情重；/你不能做我的诗，/正如我不能做你的梦。"生活需要"亲自"，艺术也离不开"亲自"，"亲自"在艺术感知、艺术欣赏、艺术创造中具有不可替代的作用。"登山则情满于山，观海则意溢于海"（刘勰）；"望秋云，神飞扬；临春风，思浩荡"（王微），这些说的都是亲身的感受。这里的"登""观""望""临"，都是一种直接的、亲身的感知，其所产生的"情""意""神""思"也都是真切的情思，感与应当下即成。

但"亲自"作为一种感知方式或行为方式，本身却并不简单。

"亲自"可否感知？

"濠梁之辩"（《庄子·秋水》）云：

庄子与惠子游于濠梁之上。庄子曰："鲦鱼出游从容，是鱼之乐也。"惠子曰："子非鱼，安知鱼之乐？"庄子曰："子非我，安知我不知鱼之乐？"惠子曰："我非子，固不知子矣；子固非鱼也，子之不知鱼之乐，全矣！"庄子曰："请循其本。子曰'汝安知鱼乐'云者，既已知吾知之而问我，我知之濠上也。"

　　虽然庄子最终以其巧妙的回答结束了这个讨论，但似乎仍然不足以辩倒惠子的疑问：我不是你，当然不知道你（是否知道鱼儿的快乐）；同样，你也不是鱼，（就像我不知道你一样）你当然不能知道鱼儿是否快乐。苏轼《题惠崇春江晚景图》有"春江水暖鸭先知"句，有人质疑：春江水暖，何以鸭先知？鹅就不能先知？这个质疑也并非没有道理，因为除了鸭可以下水亲自去感受，鹅也是可以的。这似乎表明，鸭和鹅可以获得相同的感知。但不管怎样，人们似乎可以提出与惠子相类的疑问：你不是鸭（鹅），怎么知道鸭（鹅）知道春江水暖？正如张世英先生所说："庄子与惠子两个人的话显然都是根据一个道理，即'我'与'非我'（庄子与鱼，庄子与惠子）既不相同，也就不能有同乐之感，只有'我'与'我'才有同一，才有同乐，也就是说，只有自身同一，没有'我'与'非我'之间的同一，没有不同之间的相同。"[①]

　　限于认识能力，人不能认识其他动物的内在"思想情感"，但人们常常将自身的情感投射或转移到动物身上，以至连没有情感、没有生命的自然之物也具有了情感和生命，如"昔我往矣，杨柳依依。今我来思，雨雪霏霏""我见青山多妩媚，料青山见我应如是""数峰清苦，商略黄昏雨"，正所谓一切景语皆情语。正如柳宗元所说："夫美不自美，因人而彰。"鱼儿到底快不快乐，也许是人永远难以"感知"和认识的问题。在这里，鱼儿是否快乐也许并不重要，重要的是我快乐，我从鱼儿身上感受到了快乐，或者因为我快乐，于是看到鱼儿也快乐。这种见、看、感受，又不是二分的两个环节，而是一触即觉、无须思量的，以至让人分不清有我的快乐才有鱼儿的快乐。如果是这样，这里的问题就不是能否"知道"鱼儿的快乐的问题，而是能否知道庄子是否快乐的问题。这就成了人与人之间可否相通的问题。那么人与人之间可否相通呢？

　　人们常说："如人饮水，冷暖自知。"其逻辑仍然是：我不是你，我不

---

　　① 《张世英文集》第7卷，北京大学出版社2016年版，第10页。

知道你饮水时的感受。在这里，好像水的冷暖只有饮水者自己才能知道似的，这样便排除了他人知道的可能。饮水者何以知道水的冷暖呢？因为他亲自在饮水。这个说法所强调的是个人的亲自性。但如果个中况味只有自己知道，那这种感觉就只是纯个人的感觉，无法为外人道也。事实上，人们还是要采用各种方式来传达、来了解这种况味，首先，站在旁人的角度，他可以以己度人、推己及人，用自己已有的经验，结合现场的情况，去了解对方的感受，甚至去感受对方的感受，成功的话，便有感同身受的效果。研究人员发现，有些人的确能够做到感同身受，看到别人被触摸，自己也会产生同一部位被触摸的感觉。这种现象被称为"镜像触摸共感"（mirror-touch synesthesia）①在 2016 年 1 月 26 日 CCTV-9 的一个节目《超能人类大搜索》第 6 集中，一个叫盖伊的"超能大师"表演其"隔空取物"的本事：采访者闭上眼睛，盖伊上下变换左右手的位置，然后问采访者被触摸了几次，采访者回答有几次，一旁的见证者则表明盖伊的手根本就没有触及采访者的头部。另一个实验是，采访者闭上眼睛，盖伊用一块餐巾纸擦拭旁观者的鼻子一侧，然后问采访者有什么感觉，采访者的回答让人匪夷所思：他的鼻子的同一侧被擦拭了。当然，更为神奇的感应出现在中国古代的文本中。例如，《搜神记》卷十一载有曾子、周畅母子相感的事情。曾子远在楚国，忽然感到心动，知道是母亲在思念他，便立即回家看望母亲。原来是他的母亲因为思念他而咬自己的手指。周畅的母亲只要想找周畅，便咬自己的手，这时周畅会感到手痛，知道是母亲在找他，便立即回家。所谓人同此心，心同此理，"人心都是肉长的"，所表明的是人"心"的相同、相通。

人"心"之相同，人"心"之相通，在感知上主要体现为感知的相似。张世英先生说："我们在现实世界中找不到一个绝对同一的痛感贯穿于我和你之间。其实我的痛感和你的痛感之所以相通，你的痛感之所以引起我的不忍之心，不是由于有一个相同的痛感，而是由于我在前面所详细申述过的相似性，是由于你的痛感引起了我的一种与你相似（不是相同）的痛感。我们平常说的相通，大多是指这种相似性。前面说的庄子与惠子关

①　见《"感同身受"有科学依据》，《参考消息》2007 年 6 月 19 日。

于鱼乐的辩论，最终似乎还是肯定了庄子能知鱼乐，惠子亦能知庄子之知鱼乐。为什么？原因就在于相似性：庄子与鱼就其均属动物这个类而言，有相似的乐感，庄子与惠子均属人类，故亦有相似的乐感，庄子之知鱼乐是指庄子所知的鱼乐与鱼之鱼乐相似，惠子之知庄子之知鱼乐是指惠子所知的庄子的鱼乐之感与惠子的鱼乐之感相似。这里的相似都不是指异中之一点相同，鱼乐与庄子所知之鱼乐、与惠子所知的庄子之知鱼乐都是彼此不同的。"①庄子所知的鱼之乐，惠子所知的鱼之乐，二者是不同的两个"鱼之乐"。但因为主体之间感知的相似性，两个人的"鱼之乐"可以因为相似而相通。惠子强调个体之间的独立性、区隔性、差异性，从而否定感知的可通性；庄子强调个体之间的一体性、共通性、相同性，从而否定感知的个体性。这是他们争论产生的原因。

其次，是当事人自己的相关表情、表述，这虽然与其直接的感受隔了一层，但毕竟是通达其直接感受的有效路径。康德提出了"共通感"的说法。共通感不仅存在于鉴赏判断中，在一般日常心理活动中也是存在的。共通感是中国人理解外国人（作品）、当代人理解古代人（作品）的前提和基础，正如王羲之所言："后之视今，亦犹今之视昔。"

相通是相通，但相通未必是相同。"慢电视"2013年在挪威风行一时，如拍摄、播放一堆火的燃烧过程，一艘邮轮在漫长的挪威海岸行驶中船上自然发生的各种事情和情景。这种节目可以让人体验那种缓慢的自然过程。在这里，观众的体验是"亲自"的，但观众的"亲自"不同于镜头（现场观众）的"亲自"，镜头的"亲自"又不同于现场人员的"亲自"。电视机前的观众、镜头（现场观众）、现场人员同样都要经历这种"慢"，但他们所看到的情景是不一样的。这似乎有点像"你站在桥上看风景，看风景的人在楼上看你"一样。

不同的人是如此，就同一个人来说似乎也存在差异。如郑板桥所说：

> 江馆清秋，晨起看竹，烟光日影露气，皆浮动于疏枝密叶之间。胸中勃勃遂有画意。其实胸中之竹，并不是眼中之竹也。因而磨墨展

---

① 《张世英文集》第 7 卷，北京大学出版社 2016 年版，第 11 页。

纸，落笔倏作变相，手中之竹又不是胸中之竹也。

眼中之竹，是亲眼所见的竹子；胸中之竹，是心里"亲生"的竹子；手中之竹，是亲手所画的竹子。面对同样的竹子，眼观、心想、手摹，皆为"亲自"，但在不同的环节、不同的生成方式，其结果并不相同。在这里，亲眼所见在整个创作过程中仍然具有基础性的作用。这种不同，恰恰体现了画家的创造性、写意性，他并非忠实的记录者和再现者。尽管存在这种差异，但必须注意的是，手中之竹毕竟来自胸中之竹，胸中之竹毕竟来自眼中之竹，三者之间有相通相仿的关系。

"亲自"感知的艺术转化

南朝画家宗炳喜欢自然山水，喜欢游历自然山水。晚年走不动了，不能亲自去游历山水了，便将各处山水临摹下来，张挂于室，于是即便躺在床上，也可"游历"于山水中了。他说："老疾俱至，名山恐难遍睹，唯当澄怀观道，卧以游之。"不能亲自去领略名山之胜，只能卧游以代之。这里的观名山之画，还不是对作为艺术作品的画的欣赏，而是卧游时的观赏之物，是名山的替代物。他还说："抚琴动操，欲令众山皆响。"（《宋书·隐逸传》）在山水画前弹琴，巍巍乎若高山，汤汤乎若流水，那种情景、那种氛围，能让人如同身临其境；但他的愿望是，这琴声能让众山都响起来。这个创意真是妙不可言：琴声是亲耳所闻，山则是笔下之山，类似于当今的配乐欣赏。这样做无非是想把观赏山水画的活动变得更像是身临其境。在这里，观赏者的目的很明确：山水画无非是山水的替代品，所起的作用是让人怀想当年曾游历过的山水。这时他所亲眼看到的，不是真正的山水，而是山水画，是由山水画所呈现出的山水幻景。宗炳的游历山水，并非纯为创作，而主要出于对山水的热爱，是为了"畅神"。对自然山水的热爱之情，促使人们亲自去游历山水，如王献之："从山阴道上行，山川自相映发，使人应接不暇。"没有亲身感受，当然也就难以领略山水之美。因为有曾经游历山水的经历，所以，宗炳面对这些画作而能"卧以

『亲自』之于艺术

游之"，唤起当年游历这些山水的经验和记忆，从而获得"畅神"的审美效果。

齐白石说："我从来不画没有看见过的东西。"亲眼见到了，才能进入描绘的范围。这是画家严肃认真的地方。亲见有什么作用呢？

《韩非子·外储说左上》记载了这么一个讨论：

> 客有为齐王画者，齐王问曰："画孰最难者？"曰："犬马最难。""孰易者？"曰："鬼魅最易。"夫犬马，人所知也，旦暮罄于前，不可类之，故难。鬼魅无形者，不罄于前，故易之也。

画鬼容易画犬马难的说法在《后汉书·张衡传》中得到呼应："譬犹画工恶图犬马而好作鬼魅，诚以实事难形而虚伪不穷也。"画鬼容易画犬马难的说法的立足点就在于是否为人所亲见。犬马能为人所亲见，但能亲见并非给人带来依样画葫芦的好处，而是带来判断画作好坏的便利：图画是否画得好，人们能一眼就作出判断；而鬼魅则不是亲见之物，没有判断的依据，图画是否画得好就不好说了。这个说法在丰子恺那里被颠覆了过来。他在《画鬼》一文中说："从画法上看来，鬼魅也一样地难画，甚或适得其反：'犬马最易，鬼魅最难。'"[①] 在他看来，画犬马尚有亲眼所见的犬马作为依据和模仿的对象，而画鬼魅则没有作为依据和模仿的对象，全凭想象去创作。这样，画犬马就较之画鬼魅为易。不管怎样，是否亲见是难易的前提条件。这两种说法看起来相对立，其实并不矛盾，因为《韩非子》《后汉书》中所说的鬼魅，大约相当于信手涂鸦似的鬼画桃符；而丰子恺所说的鬼魅，则要求画出鬼魅的可怕之处，而要画出鬼魅的可怕之处，没有那种亲自看到可怕之物和感受到可怕的经历，又如何能画出鬼魅的可怕呢？

需亲眼所见，但并不意味着严格的再现。齐白石说，作画妙在似与不似之间，太似则媚俗，不似则欺世。这是从创作的结果来说的。从创作的过程来说，其准备的过程就是大量的长期的观察、感受。中国的画家需要

---

① 丰子恺：《缘缘堂随笔》，新世纪出版社 1998 年版，第 119 页。

游历山水，但他们又往往不是面对着对象作画，往往并不当场作画，而是"搜尽奇峰打草稿"，寻找对自然山水的感觉感悟，回去后再凭记忆进行创作——这样的山水已非模山范水的山水，而是写意的山水，是心中的山水，与自然山水迥然不同。有艺术家为了抓住那一山水，心慕手追，于是有现场速写，于是有相机拍照。这样的做法是西方油画艺术的根本大法，但对中国画来说，"我们现在创作离不开速写，离不开照相机是很有害的，这不符合中国画的创作规律"①。潘天寿认为，中国画到了高度的时候完全根据记忆去写生。② 亲自看是共同的，但是否现场写生、照相，在艺术上却体现着不同的方法和不同的追求。潘天寿所说的是"记忆法"，还有人从相反的方面来说的，是"遗忘法"。首先是亲自观看、感受，然后淡漠、遗忘，最后在心里挥之不去的，就是你的艺术要表现的东西。这里的遗忘，不能仅仅理解为简单的忘记、忘掉，它实际是将外物与自我逐渐融为一体、逐渐内化为自我的血肉的过程，颇类似于珠蚌的含沙孕珠（有人说珠蚌的含沙孕珠是一个痛苦的过程，不知何以得知？）。这里的遗忘，更恰切的表述应当是遗存。遗存也就是记忆了。（当然，遗存与记忆也往往并非简单的记住，还意味着生成）可见，记忆法与遗忘法所见略同。不过，记忆要亲自记忆，但遗忘则未必能亲自遗忘，因为记忆可视为有意识的活动，遗忘则是无意识的活动。所以，不管是"记忆法"还是"遗忘法"，都不离"外师造化，中得心源"这一中国画创作的根本方法。这当是值得所有艺术重视的创作方法。

"亲自"未必亲自

现代传播技术的发展，让我们很多时候在非亲自的情况下获得亲自"在场"的感觉。现代传播技术似乎是耳目的延长，如借助现代技术，我们可以看到极遥远的地方，可以看到极隐蔽之处。同时，现代传播技术使各种视频得以快速、广泛传播，让观众获得现场感，如同身临其境，亲眼

---

① 姜宝林：《略谈潘天寿先生艺术创作及写生观》，《美术报》2014 年 12 月 6 日。
② 刘海勇：《潘天寿的记忆写生法》，《美术报》2014 年 12 月 6 日。

所见一般。笔者曾看过一个视频：一个人用拔筒（撅子）瞬间就能把一个个锁好的车门给打开，那场面十分神奇，简直不可思议，亲眼所见，其真实性不容否定。但不久就有人指证这个视频是假的。

有一个视频：一个人一手端着饭碗，一手刷着手机，手机屏幕刷一下就出现一道精美的菜肴，这个人就不停地做着从手机屏幕上夹菜、一口菜一口饭的动作。饭是手里的饭，菜是屏幕上的菜。对于我来说，是亲自看了这个视频，对于视频中的人来说，是亲自刷了手机屏幕，看到了屏幕上出现的菜肴。但这都和"亲自"吃菜隔着十万八千里，如同画饼充饥一般：亲自看到了，不等于亲口吃到了。

其实，很多时候我们自以为是"亲自"了，但事实上却往往并非"亲自"。比如，我们在画册上亲自看一幅造型艺术作品——我们看到的造型艺术作品多半是这种方式——是亲自看造型艺术作品吗？其实不是。你只是亲自看了一幅作品的印刷品而已，其中隔着翻拍、制版、印刷等环节，何况像雕塑之类立体的作品变成印刷品后就变成了二维平面的了——看到的是印刷品，还能叫亲自看到作品了吗？所以，有人说观看"机器复制图像"所获得的艺术经验是"伪经验"，"原作与印刷品的巨大误差还在'尺寸'与'空间'的把握。希腊雕刻与巴罗克绘画大抵再现真人尺寸，毕加索《格尔尼卡》近十米宽，克里斯多夫'包裹作品'与建筑等大，地景艺术的规模跨越山河，而有些绝品尺寸之小，出乎想象——所有这些，在画册中一律缩成巴掌大小，以巴掌大小的图片，比方说，去认知云冈大佛、秦始皇兵马俑，其视觉感应失之何止千里？！"[1]原作与印刷品的差异如此明显，由此带来的便是，亲自观看印刷品不等于亲自观看原作。

观看存在这种"非亲自"的观看，那么，从作品生成方面来说，是否就不存在"非亲自"的情况呢？黄遵宪提出"我手写我口"的口号，亲身感受、亲口道出、亲手写下，这样的文章才可能是好文章，才不离文章的根本。亲自写文章，才能获得那种表达的畅快、表达的宣泄，即所谓的卡塔西斯效应。别人的捉刀代笔又怎能使我获得这种快感呢？汤显祖写到春

---

① 陈丹青：《退步集》，广西师范大学出版社 2005 年版，第 99—100 页。

香唱"赏春香还是你旧罗裙"(《牡丹亭·忆女》)这一句时悲郁难忍,掩袂痛哭。那是一种只有自己亲自创造,将自己的生命赋予笔下文字才会有的感受。《红楼梦》第一回中作者云:"满纸荒唐言,一把辛酸泪。都云作者痴,谁解其中味?"这是将生命化为文字才会有的深切体会和期待。画画也是如此,只有自己一笔一画地画出的东西,才能成为自己生命的外化,如凡·高的画作。尽管现在他的一幅作品动辄以亿元计,但他生前没有真正卖出过一幅作品,而是在困窘中早早离世。但这并没有丝毫减低他对艺术的执着。当代有的画家采用"流水线"的方式作画,同时进行多幅相似作品的创作。这种创作方式与真正的艺术创作大相径庭。深圳大芬村的油画复制是典型的流水线作业,同一幅"画"由多人完成,各人画各人的部分,一个人始终画同一个部分。这样,可以保证复制品的质量。大芬村的工人虽然也亲自"画"了,但那是复制。创作是作者思想情感和艺术表现的有机统一,具有偶发性、随机性、原创性。而复制则不具有这种特点,虽然那也是"亲自"复制。

即使是亲自写的,即使是原创的,是否就远离了"非亲自"呢?也未必。比如,对于恋爱一事来说,情书肯定得亲自写。但如今"写"的方式发生了变化,你既可以用笔书写,也可以用电脑打字(当然还可以在手机上亲自书写、输入)。都是亲力亲为,但可以认为是完全相同的亲自"写"的情书吗?笔者在一篇短文《写字与打字:书写方式的改变意味着什么?》[①]中写道,写字与打字存在很大不同,并认为:"凡是不需要情感表达、没有情感表达的文字,都是适合在电脑上敲打的;凡是需要情感表达、有情感表达的文字,则适合手写。"同样是亲自写的情书,手写的与机打的是不一样的。

可以想见,并非亲自的"亲自"会在生活中不断出现。它会给我们带来便利,但它不能代替我们真正的亲自。我们应当对那些并非亲自的"亲自"保持足够的警醒。

有人会说,很多事情我没有亲自参加,但我不也能大体了解其情甚至能体味其情吗?!其实,这种隔了一层的了解、体味终究与亲自参加、置

---

① 载《博览群书》2013年第8期。

身其中的了解、体味有所不同，是有"距离"的了解、体味。而且，你的这种隔了一层的了解、体味，终究是以你对于相似、相关事情的亲自参与、亲身感受为基础的，否则你便不能真正了解、体味一事情，也即"不亲自"也得以"亲自"为基础。这就是：你要知道梨子的味道就得亲口尝一尝！可见，对一事物的把握，最基本的方式就是"亲自"，亲自去感知，亲自去体验。

在场的不在场
——兼及文艺批评的真实性问题

侯宝林、郭启儒的相声《打不好瞎打》中有这么一段台词："您这呼打得可够呛啊！……这郭老还谦虚呢：嗯，打不好瞎打！"听了让人忍俊不禁：好像打呼噜也是一件什么光彩的事情，需要低调处理似的。睡觉打呼噜乃生活中的寻常之事，大概一般人都可能遇到打呼噜的人。但对于打呼噜的人来说，却不是每个人都知道自己打了呼噜，而且基本上都是"瞎打"，甚至有些人压根儿就不相信自己也会打呼噜——

一次出差，与一朋友同居一室，半夜活生生地被他那时高时低、不紧不慢的呼噜声吵醒，而且他打得没完没了，吵得人难以入睡。第二天早晨起床，我告诉他他打了一夜呼噜，他一听，叫了起来："我打呼噜？"那口吻，好像我在说瞎话似的。他说，他爱人从来没有说过他打呼噜，他跟很多人出过差也从来没人说过他打呼噜。他这么说，反倒弄得我无言以对，也有点儿尴尬：如果我硬坚持他打了呼噜，就好像他做错了什么似的；如果他硬坚持自己没打呼噜，又好像我说了瞎话似的。当时我就琢磨一个问题：我怎么才能证明他打了呼噜呢？如果有另一个人在场就好了，他就可以作为旁证；但一个房间也就我俩同住，没有第三人在场。或者，如果能用录音机把他的呼噜声录下来，第二天再放给他听，或许能证明他打了呼噜？但这个方法也有问题："谁能证明这就是我的呼噜声呢？！"

我一向自以为睡觉安静，不会干扰别人的睡眠，我只会被别人的呼噜声所干扰——在这方面我绝对是一个弱者。但不久前的一次出差，却让我颇为诧异。一天早晨，同室的同事告诉我："你昨晚打呼噜了！""啊？我也打呼噜了？！"我从来不打呼噜的！我的诧异，一点也不亚于前面提到的那位朋友。我想，我的这位同事一定也像我一样，也苦恼于找不到证明我打了呼噜的有力证据。

打呼噜的人听不到自己的呼噜，他也不会被自己的呼噜所吵醒。在一些公共场所，如船上、车上，打呼噜打得很厉害的人，能把半条船或一车厢的人吵醒，但打呼噜的人还照睡不误，足见呼噜声对打呼噜的人不起作用。我想，打呼噜的人得知自己打呼噜，多半是从旁人那里得知的。这里的问题是，对于一个根本就不相信自己会打呼噜的人来说，你告诉他他打呼噜了，那就好像是你在跟他开玩笑。即使他相信自己打了呼噜，他也不可能当场听到自己的呼噜声，从而实实在在地感受自己的呼噜声并确证自己打呼噜这一事实。但此事又只能他证，难以自证；只能据说，难以感知。

亲自打了呼噜，却未必亲自感知到自己打了呼噜。这是打呼噜显得有点"诡异"的地方。像这样"诡异"的事情，其实并非仅此一项。自我意识的一时丧失，过于投入以至忘我，都可能出现这种没有自我感知的情况。当你狼吞虎咽的时候，你未必能感受到食物的滋味；当你匆匆赶路的时候，你未必能感受到自己的行走；甚至很多习惯性的行为，做了也就做了，你未必能清楚地意识到或体验到你做的过程。在场者未必有在场的感受或意识。这可能让他的理性判断丧失感知的基础或支持。

如果获得了感知的支持，理性判断是否就能"正确"起来呢？也未必。比如，同样的环境，有人说冷，有人偏说热；同样的一盘菜，有人说味淡，有人偏说味重；等等。你很难说一个是正确的、一个是错误的，也不能说一个说的是真话、一个说的是假话。它们都是实话，都是说话者的真实感受。他们的身体或他们的感觉告诉他们气温是冷或是热、味道是淡或是重。你要说他们中的一方说法不对，他会感到委屈的：我自己的亲身感受，还能有假吗？！但这么感受的人，却又往往不能理解别人与他相反的感受：我明明感到热，你为什么偏偏说冷呢！反之亦然。跳出个人的感受，我们会发现，说冷的人是他真的感到了冷，说热的人也是他真的感到了热。于是乎，因为他冷，他就认为别人也冷；他热，他就认为别人也热。个体感受的真实性、确切性占据了他的整个意识，以至他难以理解与他相反的感受，他强烈"要求"别人也有跟他一样的感受。

相对来说，认知性的、概念性的东西容易理解，而感受、体验则难以相通。在这里，除了感受的难以言说，还有就是感受的真实、确凿。它太真实、太确凿了，以至说到感受，几乎就成了个体的感受，成了难以相通的东西，正所谓"如人饮水，冷暖自知"。这样，所谓感同身受，就实属难得，也实属不易。别说人与人的相通，就是同一个人，他的理性认识与他的感受体验，也常常是唱反调的，口头上可以认同一种看法，但感受上却是"别有一番滋味在心头"。

由此想到文艺批评的路径或困境。文艺批评可谓是感受与理性判断的结合或统一。感受与理性判断的结合或统一是文艺批评的路径或困境。有学者强调"心灵的真实性"（参见宋瑾《心灵的真实性——音乐美学的哲学基础》）。我以为，从某种意义上讲，只有当感受与理性判断相结合、相统一，才有所谓"心灵的真实"。但是，如果出现感受与理性判断的错位甚至对立，或者我的感受与作家艺术家的感受、我的判断与作家艺术家的判断相错位甚至对立的情况，那么就存在这样一个问题：谁是真正的在场者？

生活经验在艺术接受中的另面影响

——从戴嵩的牛尾、席里柯的马腿说起

艺术世界具有自足性或自洽性，也就是说，艺术作品所塑造的艺术时空本身具有自成一体的独立性。艺术世界或艺术时空的建构离不开主体的生活经验，生活经验在这种建构中发挥着基础性的作用。因为，有了生活经验，你才能直观、感受、理解作品（如果有了相关的、丰富的生活经验，则可以更好地直观、更真实地感受、更深刻地理解作品），从而建构起通向艺术世界或艺术时空的通道。正如黑格尔所说，同一句格言，在一个饱经风霜、备受煎熬的老人嘴里说出来，和在一个天真可爱、未谙世事的孩子嘴里说出来，含义是不同的。在这里，生活经验的不同导致老人与孩子对同一句格言的感受、理解的不同。这句格言对于老人来说具有更丰富的意味。但值得注意的是，生活经验在艺术接受或审美活动中所起的作用不一定都是建构性的，在某种程度上还可能是消解性的。

一

我们可以看看生活经验在戴嵩《斗牛图》里所发生的作用。

戴嵩是唐代画家，而且以画牛著称，但他却犯了一个千古流传的错误。苏东坡《书戴嵩画牛》云："蜀中有杜处士，好书画，所宝以百数，有戴嵩《牛》一轴，尤所爱，锦囊玉轴，常以自随。一日曝书画，有一牧童见之，拊掌大笑曰：'此画斗牛也，牛斗力在角，尾搐入两股间，今乃掉尾而斗，谬矣！'处士笑而然之。"[1]

---

① 俞剑华编著：《中国古代画论精读》，人民美术出版社 2011 年版，第 441 页。

与这个故事相似的还有郭若虚《画图见闻志》所载的逸闻："马正惠尝得《斗水牛》一轴，云厉归真画，甚爱之。一日，展曝于书室双扉之外，有输租庄宾适立于砌下，凝玩久之，既而窃哂。公于青琐间见之，呼问曰：'吾藏画，农夫安得观而笑之？有说则可，无说则罪之。'庄宾曰：'某非知画者，但识真牛。其斗也，尾夹于髀间，虽壮夫膂力不可少开。此画牛尾举起，所以笑其失真。'"①

两个故事，涉及两位画家。这两个画家，也并非庸常之辈。关于戴嵩，唐代朱景玄《唐朝名画录·妙品下》说戴嵩画牛，能够"穷其野性筋骨之妙，故居妙品"。宋代的董逌《广川画跋》云"戴嵩画牛得其性相尽处"。五代道士画家厉归真虽不像戴嵩那么有名，但据说也是能把禽兽画得栩栩如生的：他曾在一处道观的三官殿壁上画了一只鹞，从此雀鸽便不再栖息在此殿中。(《太平广记》)可见其技艺之奇绝。

关于斗牛的尾巴问题，成了画家笔误的一个典型案例。人们用它来说明，画家稍有疏忽，即可能犯下违背事实的错误。乾隆皇帝曾在戴嵩的一幅《斗牛图》上题了一首诗："角尖项强力相持，蹴踏腾轰各出奇。想是牧童指点后，股间微露尾垂垂。"意思是，这幅《斗牛图》上牛尾不是扬起的，想必是戴嵩受到牧童的指点的结果。

不过，这里似乎有替戴嵩一辩之处。

从道理上讲，事实或生活与艺术毕竟是两回事。艺术源于生活但又高于（至少是异于）生活，就如米与酒的关系。艺术按照人的意愿、按照美的尺度进行创造，在艺术家的创造中浸透着浓厚的个人或主观因素。这些都是艺术的基本常识。由此想到，一代画牛大家，似乎不太可能忽视这样的明显的细节，毕竟，牛相斗乃寻常之事，难道他真的没有注意到牛相斗时是夹紧尾巴的吗？我们大可以推想戴嵩这么画斗牛完全是有意的，即他是有意改变了这个细节，"想当然"地把牛尾画成甩动的样子。而这种样子，正好可以表现牛的那种奋力、那种孔武、那种灵动的状态。我们也可以想象一下，当那头斗牛夹着尾巴的样子，那种画面似乎就只能让人感到一种蛮力、一种紧张、一种僵硬。是夹着尾巴好看还是甩起尾巴好看呢？这似乎不言而

① 俞剑华编著：《中国古代画论精读》，人民美术出版社 2011 年版，第 441 页。

喻。在非洲草原上横行的鬣狗，其逃跑的姿势就是夹着尾巴，样子十分猥琐不堪。当我们说"××夹着尾巴逃跑了"，那种狼狈的样子就不禁现于眼前，那种蔑视的心情就溢于言表了。我们也有俗语"夹着尾巴做人"，那是一种自我约束、自我压抑的状态。那种情形，不仅不是自由的、舒畅的，而且也不是潇洒的、漂亮的。画出甩动的牛尾，也许正是为了表现出这种自由与潇洒。

　　另外，笔者也查看了一些斗牛的视频、照片，发现斗牛既有夹紧尾巴的，也有甩动尾巴的；前者出现在两牛相抵的时候，后者出现在斗牛移动的时候。也就是说，当两头牛只是相互抵触，双方都在使出蛮力但又不能打破力的平衡的时候，这个时候它们是夹紧尾巴的；但如果有所松动，一方退却、一方趁势猛拱的时候，这牛尾就是甩动的。如果这种现象属实，那么，戴嵩《斗牛图》中所表现的情况就不是完全违背生活真实的。乾隆四十六年（1781）冬，70岁高龄的乾隆皇帝来到北京顺义观看斗牛大赛。他发现，这些黄牛在相斗的多数时候，尾巴是夹在腚沟里的，但少数时候尾巴也会翘起来。乾隆于是在戴嵩的《斗牛图》上又题了一首诗："牧童游戏何处去？独放双牛斗角叉。画跋曾经关画录，录诚差跋更为差。"[1]通过亲眼所见，乾隆发现，到底是夹着尾巴还是翘起尾巴，不能一概而论，由此他认为《唐朝名画录》很差，而苏轼的画跋更差。河南许昌出土的一个汉代画像砖上有一幅斗（或逗）牛图，一男子一手持锤、一手持鼓作斗牛（或逗牛）状，那奋力冲撞过来的牛则是牛尾高高扬起。[2]也许是与人斗，也许是尚未抵触到人，那牛不需要夹着尾巴用力？收藏于绥德市博物馆的汉代画像石《斗牛图》，表现的是二牛相斗的情景：两头牛四角刚刚接触到一起，两牛身体均作后缩前顶、奋然用力状。而它们的尾巴则很有意思：既没有翘起，也没有夹着，而是与两股有明显距离地下垂着。（参见《博物馆里的汉代美术史》三）野夫的版画《角斗》，画面上两头强壮的牛正头顶头奋力角斗。它们的身体前倾，尾巴都向后扬起，丝毫没有夹在两股间的意思。[3]

---

① 参见龚识：《〈斗牛图〉与实践出真知》，《解放日报》2016年5月24日。
② 参见搜狐文化，《中国汉画巡展精拓连载》（一），2018-08-01。
③ 参见李泽厚：《中国现代思想史论》，东方出版社1987年版，插图。

二

如果说戴嵩的《斗牛图》尚可为其是否符合生活真实存疑的话，法国近代著名画家席里柯的《赛马》则是明显有违生活真实的。《赛马》是一幅非常生动而有气势的画作，画面上，我们可以感受到那赛马飞奔的速度、潇洒的姿势，但如果有生活经验，就可以发现，那在画面上腾空飞驰的奔马是严重违背生活事实的：马的前蹄往前伸出，后蹄往后伸出，四个蹄子同时向外张开。实际的奔马是不会这样奔跑的，它一定是四蹄交错迈动、交替着力的。但为了表现赛马的激烈和奔跑的速度，画家似乎决意忽视或不顾这一事实，将飞奔的赛马画成那个样子。同样，我们也可以想象一下：如果画家画出的奔马，是那种四蹄交错迈动、交替着力的样子，马的整个形象就要收缩，而不可能舒展；马蹄的交错、交替也让马的速度、力量的表现大打折扣，也就没有了那种飞驰的感觉。有的画家为了避免僵硬死板但又顾及事实，在画马的时候就不去画完整的、直面的侧面，而是从正面（马头）或稍偏一点的角度来构图，以此来表现奔马的力量与速度。可见，那种如实画出的画法，不是一种高明的画法。西方向来有模仿自然的传统，但席里柯在"模仿"的时候，却有意改变了事实，创造出一种符合审美期待的形象。如果说席里柯的《赛马》因为突破了生活真实而成为艺术的杰作，那么，戴嵩的《斗牛图》为什么就不可以改变一下斗牛的形象呢？

苏轼说："论画以形似，见与儿童邻。"完全讲"似"，固然不那么高明；完全离开"似"，也是不行的。这里存在"似"与"不似"的辩证法，也就是齐白石所说的：不似则欺，太似则媚。"似"与"不似"的辩证统一，模仿中有改变，遵守中有突破，这就体现了艺术家的创造与匠心。

三

我们看敦煌石窟壁画的各种飞天形象，一下子就能感受到那种飞扬飘舞、那种轻盈自如，似乎这个世界没有重量，只有轻轻的风在拂动人物的飘带。我们再看米开朗琪罗的西斯廷教堂穹顶壁画中的《创世纪》部分，上帝的形象是一位威严的、浑身肌肉的老者，亚当是一位精神有些不振但身体健硕的青年。上帝正风尘仆仆飞来，他伸出手指指向亚当，似乎要赋予亚当以生命；亚当伸出一只手迎接上帝的手指，但他的手疲软无力，不仅手肘要搁在自己曲起的膝盖上，而且手掌也作下垂状——体现出重量的作用。整个画面形象逼真，栩栩如生。这样写实的形象布满教堂穹顶下的表面，因为重量感觉（作为一种经验），以至可能令人产生他们会不会从穹顶掉下来的担心。此外，在波提切利所画的《春》中，在众神头上飞着一个长翅膀的小天使，胖嘟嘟的样子，也令人很担心他从空中掉下来。在这里，同样存在疑问：撇开作为神仙的身份，敦煌壁画中的飞天形象（神仙）真的能这样飞扬自如吗？他们没有重量吗？西斯廷教堂穹顶壁画上的那些人物有重量吗？他们不会掉下来吧？产生这样的思考，表明艺术创造了一个与日常生活大不一样的世界，这个世界因其与生活、现实不同而具有独特性。人们根据生活经验进行上述有无重量的思考，这样的思考其实是一种认识性的思考，与审美静观不大相同。

如果生活经验足够强大，就有可能改变一个人对作品的态度，由欣赏的态度变为认识的态度。冯梦龙《警世通言》第三卷《王安石三难苏学士》敷演了一个文坛传奇：王安石有诗"西风昨夜过园林，吹落黄花满地金"，苏东坡对于"吹落黄花满地金"一句不以为然，认为菊花最能耐霜抗风，即使焦干枯烂，也不落瓣。贬为黄州团练副使后，苏东坡在黄州见到一种落瓣的菊花，这才服膺王安石的诗句并不违背事实。苏东坡没有见过秋天落瓣的菊花，于是就认为王安石的诗不符合事实。如果苏轼没有这种怀疑，不是从是否符合生活真实的角度来看待这句诗，那么，想象一下"吹落黄花满地金"的情景，那该是一种何等壮观的凄美！这个故事虽为虚构，但表明了生活经验对审美的某种约束。

几年前，当电影《建国大业》上映时，观者如潮，但有一个有趣的现象，就是很多人之所以抱着极大的热情去观看这部电影，只是为了去看电影中的明星。电影中有不少当红明星出场扮演各种角色，成为出场明星最多的电影之一。那么，这种以看明星、认明星为目的的观赏就不纯粹是一种艺术的欣赏了。看明星、认明星，就是将生活经验（对明星的认识、判断）带入影院。

<h2 style="text-align:center">四</h2>

艺术需要生活真实，需要生活经验。但生活经验又不一定能完全转化为审美经验，正如生活真实不等于艺术真实。对艺术世界的把握当然离不开生活经验。没有相应的生活经验，我们就难以把握艺术世界，就难以与作品沟通、与作者共鸣。如果在看戴嵩的《斗牛图》时不能认出画面上的牛，你就不可能去感受和理解画作。如果在看席里柯的《赛马》时不能认出画面上的马，你也不可能去感受和理解作品。表现了生活经验的作品，往往能为人所顺利把握。生活经验这种东西帮助我们去把握作品。庄子与惠子作濠梁之辩时所看到的鱼的快乐，不可否认是个人生活经验在起作用。同时，人们也期待作品完全符合自己的生活经验，也就是所谓从作品中看到生活、看到自己。更进一步，如果生活经验过度介入艺术世界，就可能形成以生活经验为标准、为参照来判断和评价一个虚拟的艺术世界这种现象。当艺术世界不符合或不完全符合生活经验的时候，就可能导致人们对艺术世界的质疑乃至否定，从而导致艺术世界自足性的消解。可见，如果囿于生活真实，或被强大的生活经验所制约，就难有艺术（创造或欣赏）的突破和超越。

从作者到作家：距离有多大？

大学能不能培养作家？

为了回答这个问题，我们可以粗略梳理一下从作者到作家的距离到底有多大。作家往往有太多郁积于心的东西、有敏锐感受和超拔精神、有表达的强烈愿望、有文学的自觉意识、有很强的表现能力、有通过文学实现自身价值的热切期待等。这些特点往往不是一般的作者所具有的，实际上也就成了一般作者与作家的一段一段的距离。

一、有太多郁积于心的东西

这一条解决的是文学的内容问题，而内容问题则是文学最为根本的问题。《诗大序》云"诗者，志之所之也。在心为志，发言为诗"，陆机《文赋》云"诗缘情而绮靡"，钟嵘《诗品序》云"吟咏情性"，等等，这些说法都强调"志"与"情"是诗的根本，是诗的源头。内心没有郁积，就如同厨师没有食材、巧妇没有米粮，纵有一身好手艺，也做不出美食佳肴。不过，这种内在的东西却有大小之分，也即小我与大我之分。所谓小我，就是思想情感仅仅局限于作为个体的自我，而大我则将社会的、历史的、民族的、群体的思想情感也纳为自己的东西。纯粹小我的东西很难获得他人的感知。只有当你的思想情感与他人有所融通，才能与他人产生"同频共振"，才能为他人所理解。最高层次的融通，便是所谓"一体之仁"。张世英先生描述了这种"一体之仁"的状态："中国人讲'民胞物与''天人合一'，老百姓都是我同胞骨肉兄弟，自然物都是我的同类，我觉得他们的疼痛就是我自己身上的疼痛，这是一种最高的心灵之美，在这种心灵之美中，我对你好，不是出于'应该'，我比这还要高，你就是我的骨肉，你手指疼跟我自己疼是一样的，我们两个人是人我一体，人我不分，万物一体，万物一体就是'仁'，所谓'一体之仁'是也。"① "一体之仁"与"万有相通"相关。"世界上的万物，包括人在内，千差万别，各不相同，但又息息相通，融为一体。"② 张世英的这个观点，从哲学本体论上揭示了化小我为大我的可能。郑板桥的诗"衙斋卧听萧萧竹，疑是民间疾苦声。些小吾曹州县吏，一枝一叶总关情"，鲁迅所说的"无穷的远方，无数的人们，都和我有关"，是"一体之仁"的生动表达。拘于一己的悲欢显然是狭小的、难以持久的。外在的东西可以说是文学的源头，但外在的东西也并非天然就是文学的东西，只有当它内化为"我"的东西，郁积于心，才能成为文学的东西。

二、有敏锐感受和超拔精神

对于社会、历史、人生，能够感受到别人感受不到的、看到别人看不到的——具有这种过人的感受能力，是成为作家的重要条件。作家也因此被称为"社会的晴雨表"。刘勰《文心雕龙·明诗》说："人禀七情，应物斯感，感物吟志，莫非自然。"《文心雕龙·物色》说："春秋代序，阴阳惨舒，物色之动，心亦摇焉""情以物迁，辞以情发"。王微《叙画》说："望秋云，神飞扬；临春风，思浩荡。"钟嵘《诗品序》说："气之动物，物之感人，故摇荡性情，形诸舞咏。"这些说法的意思是，外物激发人的情感，人的情感随外物的变化而变化，因为有了这种情感（变化），于是便有了歌咏（诗、文）。人的心理、精神确实会因外部环境的变化而发生相应的变化，所谓感应是也，但这种感应绝非"刺激—反应"这样简单、直接。从道理上讲，外部刺激都要通过主体才能起作用；而要对主体起作用，主体的条件则是非常关键的因素。如果主体感受迟钝、心灵麻木，这种刺激就会大打折扣，甚至丝毫反应也没有，也就不会"登山则情满于山，观海

---

① 张世英：《美感的神圣性》，《北京大学学报》（哲学社会科学版）2015 年第 3 期。
② 张世英：《万有相通：哲学与人生的追寻》，北京师范大学出版社 2013 年版，第 43 页。

则意溢于海"。所以，这里的感应，既可以说是外物刺激的结果，也可以说是主体感受的表现。在这种感应中，直接的反应也许与文学尚有相当的距离。主体须从此时此景中超越出来，才能更好地"反应"，实现"反应"向"反映"的转化、升华。王夫之说："能兴即谓之豪杰。兴者，性之生乎气者也。拖沓委顺，当世之然而然，不然而不然，终日劳而不能度越于禄位田宅妻子之中，数米计薪，日以挫其志气，仰视天而不知其高，俯视地而不知其厚，虽觉如梦，虽视如盲，虽勤动其四体而心不灵，惟不兴故也。"（《俟解》）兴，强调的是精神情怀的超越、提升，也就是说，人要能从日常生活、功利活动中超越出来，实现精神的解放和自由。这样，他对世界的感知就不一样，他对世界的反应也不一样，从而实现从感应到感兴的转变。

三、有表达的强烈愿望

这一条解决的是文学的动力问题。表达，就其最直接的效果来说，在言者这里是一种宣泄，在听者那里是一种感染。在这种表达与倾听中达成相互的理解和同情。一个人如果不想表达，如果他另有宣泄的途径或自我解脱的方式，那么，他内心再丰富也不会进行表达。如果他有表达的冲动，那么，文学的因素才会起作用。实际上，不是每个人都会选择表达。表达就如骨鲠在喉不吐不快。表达有私下表达与公开表达、直接表达与间接表达等。如果选择公开而间接的表达，那这种表达就离文学不远了。《诗大序》说："情动于中而形于言。言之不足，故嗟叹之；嗟叹之不足，故咏歌之；咏歌之不足，不知手之舞之，足之蹈之也。"言说、嗟叹、咏歌、舞蹈，都是表达的方式，在这里分别是不同强烈程度的情感的表达方式。文学与强烈的思想情感、与内心郁积有关，思想情感、内心郁积当然也是推动表达的重要动力。言为心声，从文学的角度来讲，所有的表达都应当是发自内心的，那种传声筒式的表达显然不是走心的或真诚的表达。

四、有文学的自觉意识

对文学的功能、价值、方式等有清醒的认识，并愿意用文学的方式来表达思想情感，且能从中获得愉悦，便可谓之文学的自觉。《尚书·尧典》云"诗言志，歌永言，声依永，律和声"，孔子曰"诗，可以兴，可以观，可以群，可以怨"，周敦颐说"文所以载道也"，这些都体现了文学功能的自觉意识。张璪说"外师造化，中得心源"，陆游说"汝果欲学诗，工夫在诗外"，石涛说"搜尽奇峰打草稿"，这是文学艺术创作方法的自觉。张世英说"艺术都是以有限表现无限、言说无限，或者说，就是超越有限"[①]，这是从艺术哲学的高度对文学艺术价值的概括。

五、有很强的表现能力

能表达出人人心中所有、人人笔下所无的东西；熟悉某种文学样式、手法，能够娴熟运用，实现形式与内容的完美统一——具有较强的表现能力，是成为作家的关键。表现，从某种程度上讲就是形式的创造。形式与内容是统一的，正如黑格尔所言：内容非他，即形式之转化为内容；形式非他，即内容之转化为形式。对形式的把握需要反复实践，所谓"操千曲而后晓声，观千剑而后识器"。形式的创造离不开"才""胆""识""力"。叶燮《原诗·内篇下》说："大凡人无才则心思不出，无胆则笔墨畏缩，无识则不能取舍，无力则不能自成一家。"对于诗人来说，"才"是一种感悟能力与表达能力相结合的才能、才华，"胆"是一种不受压抑、敢于突破、尽情言说尽性表达的心理素质和自由精神，"识"是一种能对"理、事、情"进行理性分析和艺术把握的能力，"力"则是"才""胆""识"结合在一起所形成的、进行创造和创新的功力或笔力。四者一体，才能开展富有成效的文学艺术创造。

---

① 张世英：《万有相通：哲学与人生的追寻》，北京师范大学出版社2013年版，第157页。

六、有通过文学实现自身价值的热切期待

通过文学的方式来表达自我，达到宣泄的目的，并由此获得自身价值的实现，这对于一个人来说是一种莫大的鼓舞和激励，使之能够克服各种困难，为创作出满意的作品而忍受各种艰辛。其中，对理解的需要和对读者的期待是支持和推动文学创作的重要动力。在这里，知音显得很重要，例如：俞伯牙摔琴谢知音，知音没了，琴也就不弹了；"知音如不赏，归卧故山丘"，得不到知音的欣赏，就不再写诗；"满纸荒唐言，一把辛酸泪。都云作者痴，谁解其中味"，对知音的期待溢于言表。比知音更重要的是社会对作家的肯定和赞誉。但如果一个人不以文学创作为其实现自身价值的方式，那么他也就不会开展文学创作，因而也就难以成为一个以创作为存在方式的作家。

这些主观要素当然还可以再罗列下去和细分下去，但上述几个方面可能是比较重要的方面。从这些条件来看，我们就不难看出大学教育能做的方面和难做的方面。明白了这些方面，其实也就明白了成为一个作家所应具有的素质条件和应当付出的努力。这个道理也可以从伯牙学琴于成连的故事中得到说明。伯牙学琴于成连，三年而成，"至于精神寂寞，情志专一，尚未能也"。弹琴的技法和道理，通过成连先生的教育和伯牙的刻苦学习，三年就可以学成，但涉及"精神""情志"方面的修炼，则不容易达到，而且也不是纯粹的教学活动所能解决的。于是便有了下面的故事：成连把伯牙一个人留在海岛上，让他在孤独寂寞中去生成、感受、体味操琴所需要的情感。在这种情况下，伯牙终于生成了那种情感，从此成为弹琴的高手。（《水仙操》）在这个故事中，成连所说的方子春"能移人情"与伯牙在海岛上所说的"先生将移我情"，两个"移情"，都是指情感的转移，但前者似指听众的情感转移（被感染），后者似指作者的情感转移（投入）。前者又以后者为条件，没有作者的情感转移，就难有听众的情感转移；没有情感的转移，这样的琴艺就很难说是高超的琴艺。而作者的情感从哪里来呢？这个问题就不是纯粹的教学所能解决的。从作者到作家的距离到底有多大，大学能不能培养作家，也就不用多说了。

个性寓于创新

办公室里只有一名男子（公司职员？）。只见他敲了几下复印机，从复印机里出来一张纸，纸上打印了一个黑色圆形。他把这张纸放在一个办公设备的台面上，又随手把纸杯放在这个台面上。下面发生的事情令他惊讶不已：这个纸杯居然从那张纸的黑色圆形中掉到台面下去了。这不是一般的"黑圆"，它是一个可以把手伸进去的黑洞。他有了这个发现，就试着将这张纸贴在自动售货柜上，将手从这个"黑圆"伸进售货柜里，居然可以从里面拿出几块巧克力来。他看起来很惬意地吃着巧克力。这时，他看到了财务室的门。他奔向那个门，将这张纸贴在门上，手从"黑圆"伸进门里，很容易地打开了门。他进了财务室，直奔保险柜。他将这张纸贴在保险柜的门上，将手从纸上的"黑圆"伸进保险柜里，一匝一匝地拿出里面的钞票。地上堆了一堆钞票。他把保险柜里手够得着的钞票都拿了出来，然后又从这张纸的"黑圆"往保险柜里爬去……

这就是微电影《黑洞》（或译《欲望黑洞》，*The Black Hole*）的情节。

这部微电影时长 2 分 49 秒，虽然十分短小，但仍有几个方面是值得我们特别关注的。

首先是其科学幻想的新颖独特。复印机随便或偶然打印出来的这个"黑圆"，具有神奇的"穿透"功能。这个神奇之物是整个故事得以发生的关键。如果这个神器的存在具有"合理性"，那么，以其奇异"功能"为逻辑"基点"，以其发现为契机，引发人物开发利用这个神器的行为，从而演绎出整个故事情节，就是顺理成章的了。这个神奇之物并非完全是无稽之谈，而是有一定的科学"根据"的，比如现在天文学上的黑洞，时空在这里发生扭曲，并且具有吞噬一切的特性。我们中国科学家还在实验室率先制造出了人造"袖珍黑洞"。黑洞也是科学家当前热烈探讨的问题，霍金的《时间简史》也畅销一时。如果关于黑洞的设想具有科学性，那么，利用有关原理来设计、制造一个能穿透任何器物的人造"黑洞"的想法就不是没有一点根据的。另外，从神话学或社会学角度来看，这个神奇的"黑圆"，与神话传说中的魔杖、飞行毯、隐身衣、阿拉丁神灯、宝葫芦等神物类似，纯系满足愿望的幻想之物。如果那些魔杖之类的神奇之物可以存在于各类神话故事中的话，这个"黑圆"的幻想自然也具有其合理性——说不定未来的某一天人类真能设计开发出这种神器呢。有了这个神奇之物，人就可以随意满足自己"穿透"或"穿越"的愿望了。利用这个神奇之物去做任何想做的事情，当然也就有了合理性。这种引发故事的契机，比那种跌一跤就跌到秦汉、做个梦就梦回明清的"穿越"方式似乎科技含量更高一些，也更可理解一些。

其次是其故事结局的出人意料。那名男子很顺利地爬进了保险柜，全身都进去了。这时出现了情节的大逆转——贴在保险柜门上的那张纸飘落到地上，保险柜的门又恢复到原来的状态。只见保险柜震动了几下，剧终。这样的结局既在意料之外，也在意料之中，因为，贴在保险柜上的那张纸原本就是随手放在门上的，离开了按住它的手它会飘落下来；原本就是靠着纸上的黑洞钻进去的，纸落地了黑洞就没了，那人就被关在保险柜里了。结局往往是叙事的落脚点，也往往是激发观众兴趣、产生审美快感的最重要一环。结局的出新也就是整个作品出新的最重要方面。《黑洞》在故事结局上与众不同、不落俗套，而且又是在情节的发展中自然而然地完成的，这就显示出作者的奇妙创意。

再次是其表现主题的鲜明深刻。在微电影《黑洞》中，"黑洞"这个神奇之物显然带来的是一场悲剧，它满足了他的欲望，但最终又把他毁灭了。观众都明白，造成悲剧的根本原因，不是这张纸上可以满足其欲望的黑色圆形，而是他贪得无厌的欲望。"贪得无厌"可以说是文学艺术表现的一个永恒主题。自古以来无数的文学艺术作品都对人的这个本性进行了批判。例如，莎士比亚《一报还一报》中的安哲鲁在代理公爵行使权力的时候，就挡不住诱惑，做了他所要严惩的事情，应了"骄傲的世人掌握到暂时的权力，却会忘记了自己琉璃易碎的本来面目"那句话。普希金《渔夫和金鱼的故事》中那个贫穷的老太婆，最初不过是希望有一个新的木盆而已，但随着愿望的满足，她已经不满足于一个新的木盆，而是要一栋木房、要做一名贵妇人、要做女皇……随着欲望的膨胀，结果是她得到的又全部失去了，她还是做她的穷老太婆。这样的主题不断在文学艺术中翻演。由此也可看出，经过几千年文明发展，人类面临的基本问题还是没有得到根本改变。微电影《黑洞》不过是重新演绎了一次这个母题而已。但它又是创新的，它用一种新的形式、在一个新的背景下讲述了一个新的贪得无厌的故事。如果联系到这个作品的未来指向性，我们也可以设想它是发生在未来的某一天。这样的话，未来的人们也将面临同样的问题：面对诱惑、面对欲望，他们将如何克服冲动、好自为之呢？所以，"黑洞"在这里是一语双关的，既指那个作为满足欲望的手段和工具的"黑洞"，也指人的无休无止的欲望的"黑洞"。

最后是其叙述方式的简明清晰。由复印机打印出一个可以穿越的黑色圆形，到主人公发现这个"黑圆"的特异功能；由从自动售货柜中取出巧克力，到打开锁着的财务室的门；由从保险柜取出钞票，到钻进保险柜，这些都是十分富有创意而且合乎情理的奇思妙想，也是别人没有过的情节，作品在不到3分钟的时间里就把这个故事讲述得颇为生动与完整。而且，整部作品自始至终没有一句台词，人物也始终只有一个，全部情节依靠表情、动作和行为来展现，一切都简简单单、明明白白。它也不缺乏深度，充满了讽刺性、批判性。可见，简单而常见的表现方式，也能创造出富有新意、富有个性的作品。这和那些"炫技"式的或"高深"的作品迥然不同。从这里也可以看出，合乎情理、好好说话，是完全可以实现艺术创新的。以反情理、无逻辑为创新的指向，往往可能是找错了创新的路径。

这部微电影堪称创新之作，也同样堪称个性鲜明之作。从道理上讲，创新与个性其实具有一体性，因为，创新是产生与众不同的效果，个性当然也是与众不同的风格特点；追求个性是在创新，创新也形成个性。可见，文学艺术要有创新与文学艺术创作要有个性，从某种程度上讲是一个问题的两个方面，或者是两个具有内在关联的命题。微电影《黑洞》就很好地体现了这种一体性或关联性，也显示出艺术创新与个性表现的有效方式。

个性寓于创新

不从开头写起

常言道，"万事开头难"；又言，"好的开端是成功的一半"。可见，开头、开始，既困难又重要。但任何事情都有开头。文章也有开头，理想的开头是像"豹头"一样精彩，即所谓"豹头、猪肚、凤尾"。好的开头具有启发性、引领性、涵盖性、意味性，能引出下文，为下文指明方向，为下面的写作开辟道路。托尔斯泰在写《安娜·卡列尼娜》的时候，为开头伤透了脑筋。他尝试过各种开头，就是不满意。在几乎绝望的时候，据说，他看到他儿子谢廖沙朗诵的普希金的小说《别尔金小说集》，被其中一篇未完成的小说开头吸引："客人们来到了别墅……"忽然脑洞大开，便有了小说的开头："奥布朗斯基家里一切都乱了……"这就是《安娜·卡列尼娜》的真正开头。他之所以这么折腾开头，好像那个意中的开头就在某个地方，只是他一时还没有找到似的，需要"众里寻他千百度"，下一番功夫，然后才有"蓦然回首，那人却在灯火阑珊处"。

如果对开头觉得不满意，有两种态度：一是聊胜于无，有总比没有好；二是宁缺毋滥，不好就不要。第一种态度完全适合于写作。对于"没有最好，只有更好"的写作来说，完全可以通过选优，从已有方案中找到最佳的一个方案（当然，最佳也未必就是满意的）。如果没有找到更好的，那么，现有的便是最好的——托尔斯泰在找到满意的开头前也完全可以找到一个最佳的开头或较佳的开头，以便让创作进行下去。但托尔斯泰所选择的似乎是第二种态度：宁缺毋滥。我们可以假设：如果他没有遇到普希金的这篇小说呢？或者即使遇到了但灵感却没有来呢？也就是说，如果他始终没有找到一个满意的开头，他便始终在折腾这个开头，或者，折腾不出开头——他往下怎么写呢？这里其实有两种选择：

一是从现有方案中选择一个最佳或较佳者作为开头，二是等作品写完了再来折腾如何开头。

如果是第二种选择，那么，写作便不一定要从开头写起。但写作总得开个头，总得从第一句话写起。这里就要进行区分了：写作的开始与文章的开始可以不一致，可以不是一回事。文章总得有开头，从哪里开头都是开头，只是有优劣好坏巧拙深浅之分。这是就文章的完成、定形的状态而言的。文章与音乐一样，是线性的、时间的艺术，不同于空间艺术。空间艺术，比如一幅画，达·芬奇的《蒙娜丽莎》或凡·高的《向日葵》，你是看不出开头的，你也没必要看出开头，你只能看到焦点。虽然画画是有开始的，但你从画上看不出哪一色块或哪一线条是开始的第一笔。文章则不一样，文章的字句都是有序地、依序地出现的，没有第一句就没有第二句，或者说，没有第一句，第二句就是第一句。这是从完成的、定形的文章而言的。从文章的完成过程即写作来说，写作也总得有个开始；写作开始，就是开始写作。开始写作，最"理想"的情况，就是从文章的开头写起，一路写来，一气呵成，写作的过程与文章的顺序完全一致。但这只是一种理想的状态。受这种理想状态的制约，或者为了达到这种理想状态，很多人往往就被这种理想式的写作方式所束缚、所压抑，以致找不到或达不到这种理想状态，写作就难以进行下去，甚至无果而终。从道理上讲，写作可以从文章的任何一个部分写起，从开头写起可以，从中间写起可以，从结尾写起也是可以的，然后在写作中把各个部分一一补上，组成一篇文气畅通、文脉贯通、逻辑相通、内容自足、意思清晰的文字，即文章，也就完成了写作。现在的电脑写作，为人们从文章的任何部位写起创造了便利：在电脑上，文字的调整倒换比在纸上的书写要自由得多。写作工具的变化也带来了写作方式的变化。

从文章的开头写起是有条件的，那就是作者对要写的文章已经心中有数，即已有一个大体的构思，有较成形的想法，也就是说打好了腹稿、"胸有成竹"。这时你按自己的构思从开头写起，起承转合，一路写来，如同"竹筒倒豆子"。这种写作方式适合那种篇幅不太长的文章。这种写作，不过是用文字把"腹稿"记录下来而已。还有一种情况是，写作前

不从开头写起

只有一个意念，因为这个意念而开写，写作由这个意念所引起，写的也是关于这个意念。一个意念，也许具有生成一篇文章的潜质，但它会生成什么样的文章你不知道，甚至它能不能生成一篇文章你心里也没有底。对于这样的写作，即使你认为你是从文章的开头写起的，但结果却可能是你在你的"开头"之前又加上了新的开头，或者把"开头"挪到文章的其他位置。就如同托尔斯泰《安娜·卡列尼娜》的开头，开头本来是"奥布朗斯基家里一切都乱了……"但在正式出版时，托尔斯泰又加上了那句人人熟知的议论"幸福的家庭都是相似的，不幸的家庭各有各的不幸"。写作的奇妙之处，就在于它是一种"无中生有"的创造，只有到了最后写成了，你才知道你所要写的东西是什么、是个什么样子。这和按图施工的情况大不一样。按图施工，是在还没有施工的时候你的头脑中就已有了这个房子的完整、精确的样子，施工完成了，不过是把这个头脑中的房子变成了眼前的实际的房子。写作则往往做不到这一点，一是写成之前不知道自己要写的是什么，二是写出来的东西可能与你想要写的东西不大一样，如同郑板桥所说的，"手中之竹"不同于"胸中之竹"。

不从开头写起，客观上是因为你头脑中还没有一篇成形的文章，主观上是要摆脱这个开头的限制，让写作更自由一些。因为，找到一个恰当的、具有生发性的开头殊为不易。有作者就深有感触地说："常常是，你面对一张白纸构思，无数开头在眼前闪现，你脑子里只想着4个字——怎样都行。但并不是真的怎样都行，不同的开头会引领截然不同的方向，你总要盘算几天，甚至几十天，哪一个更美妙些。"[1]如果开始写作时硬要从文章的开头写起，那么，这个一开始就被设定的"开头"就很可能束缚下面的写作，因为你下面的写作都要围绕它转，不能离开它太远。这就把写作真的变成了"戴着镣铐跳舞"。所以，不如把开头悬置起来，让开头"待定"，这样，什么都有可能成为开头，随处都有可能成为开头。开头呈开放性，思路就容易打开，写作就容易左右逢源；待文章基本成形后，再来依据文章主体和成熟的思想主旨确定开头。这样，也许"开头"

---

[1] 蒋峰：《永远不要从开头写起》，《文艺报》2013年10月25日。

会更容易一些，甚至会开得更精彩一些，还不至于因为开头开得不好而束缚思路。

文无定法，贵在得法。是否从开头写起，也因人而异。不从开头写起，用意也只在于打破开头所带来的思维定式，让思路更宽广、想象更丰富、写作更自由一些。

文学可否创意?

文化可以创意,有"文化创意"(culture creation)一说,而且颇为流行,在此基础上又有"文化创意产业"。文化创意(产业)与市场、与消费紧密联系在一起。文学是文化的重要组成部分。当人们在倡导文化创意的时候,自然不能忘了"文学创意"。于是"文学创意"进入了人们的视野。有学者认为:"文学创意,即运用创意思维,以多元和系统的方式从事文学活动与创作,实现对于文学意蕴及其作用的强化,增进其文化价值与经济价值。"①与"文学创意"相关的还有"创意写作"。有学者借鉴美国的"创意写作"(creative writing),提出作家可以培养的观点②。这种说法颇为激动人心,而且据说在美国还取得了令人瞩目的成效。国内一些著名高校如中国人民大学、复旦大学、北京大学还不失时机地开设了"创意写作"的课程甚至专业,成为培养文学写作人才的开创之举。

"创意"总是与创新、创造联系在一起。"创意思维"是一种目的性、自觉性、方法性都很强的创新思维活动。为了突破现有方式、状态、模式、习惯、定式等的限制,创意者采用诸如"头脑风暴""鱼骨图""自由联想""语言诱导""思想碰撞"等创意思维方式,创造出新颖别致、高效可行的方案或文本。可见,创意是在意识、理智或符号、语言文字、图形的引导和刺激下展开的有意而为之的活动。其要义在于,先尽可能多地提出各种想法或方案,然后再来挑拣、提炼,从而得到最好的想法或方案。打破各种束缚,进入思维的自由活跃状态,从而尽可能挖掘或激发思维潜能,是文化创意和所有创意的前提,而获得最佳方案则是创意的根本目标。文学创作也是一种创造活动,创意与创作有多大交集,是一个值得思

---

① 田川流:《创意时代的文学创意》,《文艺报》2009 年 8 月 18 日。
② 刁克利:《作家可以培养,写作人人可为》,《光明日报》2011 年 11 月 23 日。

考的问题。

文学创作当然也是一种"无中生有"的思维活动，其主要的思维方式是形象思维。按照经典的文学观念来看，文学创作不仅是一种运用形象进行思维的创造活动，而且这种创造本身是与创造者的生命密切相关的。这个特点成为真正的文学创作与一般的写作活动的根本分野。刘勰的《文心雕龙·情采》将"文"分为两种："昔诗人什篇，为情而造文；辞人赋颂，为文而造情。"在这里，实际表明有两种"文"，一是"为情之文"，二是"为辞之文"。刘勰肯定前者，否定后者："盖风雅之兴，志思蓄愤，而吟咏情性，以讽其上，此为情而造文也；诸子之徒，心非郁陶，苟驰夸饰，鬻声钓世，此为文而造情也。故为情者要约而写真，为文者淫丽而烦滥。"这种观念几乎成为文学批评史上的不易之论。就"为情之文"与"为辞之文"二者的差异来说，"为情之文"更多考虑的是写什么，而"为辞之文"更多考虑的是怎么写。但"为情之文"所考虑的写什么的问题，并不仅仅是一个简单的内容题材的选择问题，而是其内容、其创作行为本身就与作者的生命情感乃至与其存在密切关联。"为情之文"与"为辞之文"的根本不同，就在于其是否与作者生命相关、是否有作者的真情投入。那些用生命、用真情所创作出来的，就是"为情之文"；因为有真情投入，作者在创作中往往与自己笔下的人物同悲同喜、感同身受，其作品也往往能深深地打动人、感染人。这方面的例子很多，著名的如：汤显祖写到丫鬟春香唱"赏春香还是你旧罗裙"（《牡丹亭·忆女》）这一句时悲郁难忍，掩袂痛哭；巴金写《家》时，"仿佛在跟一些人一同受苦，一同在魔爪下挣扎"，"陪着那些可爱的年轻生命欢笑，也陪着他们哀哭"（《谈〈家〉》）；福楼拜写到包法利夫人之死时嘴里竟然有砒霜的感觉；拜伦的诗作《与你再见》原稿上留下了诗人的泪痕；等等。曹雪芹说："满纸荒唐言，一把辛酸泪。都云作者痴，谁解其中味。"一个"痴"字就很好地道出了作者的一往情深。这种创作活动，可谓之呕心沥血，与所谓的"为赋新词强说愁"迥然不同。

"为赋新词强说愁"等方式创作出来的则可谓之"为辞之文"。这种作品当然也能建构文本、表达情意，只是这种"文"的情意往往不是来自作者本身，而是由语言文字符号所生成。如所谓"为赋新词强说愁"，这样的作品也是可以"说愁"的，只是这种"愁"来自"词"的生成而非来自内心的郁积。假如一首词能很好地表现一种愁绪，你又怎么能够强求这种愁绪一定是词人内心所具有的愁绪呢？虽然刘勰是否定"为辞之文"的，但不可否认的是，"为辞之文"也有很多成功之作。当代甚至有作家声称文学创作是"码字"、作家是"码字工"。这种说法可以视为"为文而造情"的现代版本。这种说法既受到很多人批评，也得到不少人认同。改编《金陵十三钗》脚本的刘恒就说，他改编这个脚本是为了"逞能"。莫言关于自己的创作动力是这样说的："我写作的最直接动力，刚开始的时候很低下，为了挣一点稿费。"二人的创作动机就与刘勰所说的"为辞而造文"的情况颇为相似。

"为情之文"不能像建筑那样设计出来。它所要表达的，是真情，是与个体生命密切相关的真情。对文学作品的后续开发，或与文化创意有关的文字，如脚本，都可以通过创意的方式、团队的方式加以完成，但"为情之文"似乎是不能用创意的方式来完成的。有人会认为，诗歌不就是抒情吗，小说不就是编故事吗？是的，确实如此，但正是那种真情以及与这种真情联系在一起的形式，才构成诗；正是那种饱含着作者体悟的故事、形象、语言，才构成小说作品。为什么说"诗，穷而后工""国家不幸诗家幸""不平而鸣""愤怒出诗人"呢？就是因为有了那种郁结在心的东西不吐不快。苏轼说："吾文如万斛泉源，不择地而出。在平地滔滔汩汩，虽一日千里无难。及其与山石曲折、随物赋形而不可知也。所可知者，常行于所当行，常止于不可不止，如是而已矣！其他，虽吾亦不能知也。"（《文说》）这段话可与他的另一段话相补充："夫昔之为文者，非能为之为工，乃不能不为之为工也。山川之有云雾，草木之有华实，充满勃郁而见于外，夫虽欲无有，其可得耶？"（《〈江行唱和集〉序》）这段话很好地说明了真正的文学创作是一种"自然而然"的活动，它与作者内在生命存在某种神秘的关联。其他诗人作家也表达过类似的意思，例如，陆游说："文章本天成，妙手偶得之"；金圣叹说，文章现出在你四周，只须"灵眼觑见、慧腕捉住"；冰心说："盈虚空都开着空清灵艳的花，只须慧心人采撷"；尼采说："作为艺术力量的酒神及其对立者日神""这些力量无须人间艺术家的中介，从自然界本身迸发出来。它们的艺术冲动首先在自然界里以直接的方式获得满足：一方面，作为梦的形象世界，这一世界的完成同个人的智力水平或艺术修养全然无关；另一方面，作为醉的现实，这一现实同样不重视个人的因素，甚至蓄意毁掉个人，用一种神秘的统一感解脱个人"。① 这些看法当然有神秘主义的色彩，但却描述了作者个体生命的投入、迷狂、内心与世界的突然贯通等特点。它们所要排斥的，就是作者的有意而为之的、"为赋新词强说愁"似的创作。同样是妙手偶得，文化创意显然不需要也不可能如此痴迷与情深。

如此说来，文学就必定排斥创意吗？

从逻辑上讲，文学也是文化的组成部分，如果文化需要创意，也可以创意的话，那么，文学也需要创意，也可以创意。文化创意的特点与文学创作有颇多相似之处。例如，就最优表达来说，福楼拜就说："我们不论描写什么事物，要表现它，唯有一个名词；要赋予它运动，唯有一个动词；要得到它的性质，唯有一个形容词。我们必须继续不断地苦心思索，非发现这个唯一的名词、动词和形容词不可，仅仅发现与这些名词、动词或形容词相类似的词句是不行的，也不能因为思索困难，就用类似的词句敷衍了事。"文学创作要从多种表达方式中找到最优表达方式，这一点与文化创意相似。如果没有多种方案，又如何选优呢？又如，文化创意可以通过一系列的衍伸而在事物间建立关系，就如同通过为数不多的几个人为中介就可以和任何一个陌生人攀上关系一样。有人也试用这种方法来创作，将任意几个词连缀成篇，或将任意几个人物编织成一个故事。这里当然有技巧，所成篇什也可能具有一定的意思和意义。还如，文化创意往往要有一定的量产，文学创作（包括艺术创作）也往往如此。例如，巴赫每周都会作一首康塔塔曲，莫扎特创作了 600 多首作品，伦勃朗创作了大约 650 幅油画、2000 幅绘画作品，毕加索创作了超过 20000 件作品，莎士比亚写下了 154 首十四行诗，等等。这些作品并非部部都是精品杰作，正如美国学者米哈尔科所说："事实上，大诗人做出的糟糕诗歌要比小诗人多，原因很简单，就是因为他们创作了更多数量的诗作。"② 对于很多作家、艺术家

---

① ［德］尼采著，周国平译：《悲剧的诞生》，生活·读书·新知三联书店 1986 年版，第 6—7 页。
② ［美］迈克尔·米哈尔科著，曲云译：《米哈尔科创意思维 9 法则》，中国人民大学出版社 2010 年版，第 55 页。

来说，没有一定的量产，恐怕就难以创作出精品杰作。再如，文学并不排斥文化创意的那些行之有效的方法。有人特别称赞《沙家浜》"智斗"一场中阿庆嫂的那段唱词："垒起七星灶，铜壶煮三江。摆开八仙桌，招待十六方。来的都是客，全凭嘴一张。相逢开口笑，过后不思量。人一走，茶就凉。"但汪曾祺却说："你别看得太认真了，我是故意搞了一组数字游戏。'铜壶煮三江'，是受到苏东坡诗词的启发。'人一走，茶就凉'，也是数字概念，表示零。"① 汪曾祺所说的情况，其实就是一种文化创意的方法，即模仿创新的方法。而且，文化创意也可以从文学艺术中吸取灵感和方法。比如，文学艺术中的"反常合道""无理而妙"，就充分体现了文学艺术创造的自由和超越；文化创意也往往借鉴这种方法进行创意，以取得突破常规、出其不意的效果。例如，日本一则推销酸奶的广告，其广告词是"本酸奶有初恋的味道"，通过巧妙组接、迁移，使酸奶的广告词具有很浓的文学色彩。

很多畅销的文学作品可以视为文学创意的成功之作。著名的，如琼瑶的言情作品，如白落梅的《你若安好便是晴天》，如汪国真的诗歌，等等。

一位评论家这样总结琼瑶："她的小说和用小说改编的电影电视所得到的评论，从来都和矫情、肉麻、自恋、不现实挂钩。可是女人都有一点不现实、一点热爱幻想、一点自恋、一点肉麻、一点矫情吧，恋爱中的女人，尤其如此，恋爱中的一切人，也都是如此。琼瑶完全掌握了女人的心理，做的就是女人生意，你希望女主人公漂亮？好，我就把她写漂亮；希望她是来历不明气息纯洁的神仙姐姐？那我就让她是孤儿，绝对没有家庭关系拖泥带水；希望她成为男人生活的重心？那我就安排两个男人同时喜欢她，还不满意？三个也有；总之，她像一间服装店，可以胖显瘦、矮显修长，进门的时候给你打绿光，出门的时候打橘红色光，让你容光焕发——她自己就是女人，她知道女人要什么。"② 琼瑶的创作明白地告诉人们，她的创作就是为了满足人们的某种精神需要；而她的作品能够流行，也是因为她能够很好地把握人们的这种精神需要，从而构织出一个个的白日梦。

白落梅与琼瑶既相似又不同。不同点在于琼瑶是虚构写作，而白落梅

---

① 韩小蕙：《永远的汪曾祺》，《光明日报》2012 年 5 月 17 日。
② 韩松落：《琼瑶未必当真》，《新京报》2008 年 5 月 6 日。

则是"非虚构写作"，她以真实人物为其笔下的主人公。相似点在于，二人都是在编织白日梦。有人这样评价白落梅的《你若安好便是晴天》："林徽因本身已经被商业包装成符号般的人物，这个符号满足了现代人的想象，享受一段爱情，嫁一个好丈夫，还有替补情人为自己死心塌地。白落梅根本不需要去考据太多，林徽因只是她的一颗棋子，一个道具，符合白落梅抒情的部分才拿来使用，其余部分要么一笔带过，要么提也不提。""另一方面，在快节奏的社会，一部商业化写作的作品，要让浮躁的读者能用最简短的时间，走进一章或几章文字，又可以在瞬间从容地走出来。读过白落梅的作品，你会发现，她的每一段文字刚好就是一条微博的内容。尽管这些内容就像陆琪那些转发上万的情感箴言一样，一会儿爱情是不需要坚持的，一会儿爱情是要坚持的；一会儿爱情是等来的，一会儿爱情不是等来的。总之，就是好像什么都说到了，但是又好像什么都没有说。"①上述评论揭示了《你若安好便是晴天》的成功秘密：商业化写作。商业化写作当然就是创意写作了。这种写作的出发点，首先要考虑的不是作者自身的生命需要，而是读者或市场的需要。出于这种定位，其描写、其内容设置、其表述方式就要符合读者或市场的特点。

关于 20 年前风行一时的畅销诗人汪国真，在评论家黄集伟看来，汪国真受欢迎不是假的，"这类诗我管它叫做'贺卡语文''心灵桑拿'，《读者》式风格。在励志诗歌上，没人能替代他。他的诗歌没有纵深、惨痛和焦虑，大众认为它是诗，那就是诗"。而学者朱大可这样总结"汪诗"的特点：第一是，高度通俗，彻底放弃原创性，对精英思想做简陋拷贝；第二是，用过即扔，彻底放弃经典性写作。他认为："在经历了海子式的'生命中不能承受之重'后，人们只需一种非常轻盈的'哲思小语'，像粉色的口红一样，涂抹在苍白失血的精神之唇上，以滋润营养不良的文化面颜。"②这些评论说得很尖刻，却不可否认读者对汪国真诗歌的喜爱和欢迎。从这里也可看出一种现象：诗歌创作也可以成为一种自觉的市场行为，就是按照读者需要来开展诗歌创作，其思想内容、情感特征、语言方式等都

① 蒋庆：《〈你若安好便是晴天〉畅销诀窍：纯粹的商业化写作》，《成都商报》2012 年 11 月 18 日。

② 《曾记否 笔记本上抄的那些汪国真诗句》，《新京报》2008 年 4 月 19 日。

可做到主动契合读者的口味。

这些事实表明，尽管受到文学批评家的批评，较之纯文学的创作来说，这样"创意"出来的作品往往更容易受到读者欢迎和市场认可。这种有着明确市场追求和消费目的的创意之文显然属于那种"为辞之文"。这样，文学就可分为两类：创意文学（"为辞之文"）与生命文学（"为情之文"）。前者更多地考虑读者和市场，因此必须更多地使用文化创意、文学创意的方式；后者更多地属于个体，因此显得与个体精神、内在生命关联更密切。这种区分，虽然也是二分法，但不同于一般所谓"通俗文学"与"严肃文学"的分法。创意文学（"为辞之文"）的存在不仅仅是一个客观事实，而且具有其客观需求，这种客观需求也就是创意文学存在的理由。如果我们明确了上述两种文学的存在，并且认为两种文学的分类、命名并非巧立名目，也许可以对不同类型的文学采取分别对待的态度，从而更好地促进不同类型文学的繁荣发展。

审美文化

"哈利·波特"系列的"抓人"之处

——以《哈利·波特与魔法石》为例

巫术文学似乎向来不缺读者。这种与传说、与巫术、与各种神秘因果密切关联的文学与一般文学，不论是现实主义文学还是浪漫主义文学，都有着迥然不同的风格。巫术文学近年来最为成功的作品，无疑是 J. K. 罗琳的"哈利·波特"系列。1997 年 6 月，J. K. 罗琳出版"哈利·波特"系列第一本《哈利·波特与魔法石》，2007 年出版"哈利·波特"系列终结篇《哈利·波特与死亡圣器》，系列作品共出版了 7 部，被译成多国文字在全球畅销不衰，成为少儿甚至成人喜爱的作品。"哈利·波特"系列作品的成功，是巫术文学的成功。该作品的成功，固然有商业运作的因素，但文本的"抓人"显然才是其成功的根本，也再次说明了"内容为王"的真谛。不管是无意还是有意，哈利·波特系列作品一个最为突出的方面，就是对读者愿望的满足。这种愿望不同于一般的阅读期待，因而这种愿望的满足就显然不同于一般文本的阅读快感。追求这种愿望满足的阅读效果，是"哈利·波特"系列能够强烈吸引全球少儿读者乃至成人读者的一个关键要素。下面以《哈利·波特与魔法石》为例试作一点分析。

一、它满足了少儿乃至成人心中冒险的愿望

冒险是与平庸的日常生活相对的活动。人们特别是青少年往往希望有一番不平凡的经历。我们总是觉得现实生活太没劲，太没意思。所谓平安是福，所谓平平淡淡才是真，这是老人说的，而且指的是现实生活。就青少年来说，他们可不会安于日常的生活，他要冒险；就人的精神生活来

说，人可不会仅仅满足于平安、平淡，他要新奇。冒险，不仅仅是经历一番别人不曾经历的、富有刺激的生活，还在于冒险意味着机会，意味着成功，意味着成为受人敬仰的英雄，或者成就一番事业。像马克·吐温的《汤姆·索亚历险记》中所描述的小男孩汤姆，他为了吸引他的女朋友，就经常制造一些不平常的事来，希望以此引起她的注意。他意识到，做一个规规矩矩的好学生是不会引起她的好奇的。冒险的故事其实是经久不衰的一个文学母题。例如阿拉伯故事《阿拉丁和神灯》，游手好闲的穷孩子阿拉丁在魔法师阿巴那扎尔的指引下进到地宫，既获得了魔法师的魔戒，又获得了神灯，还娶了美丽的公主，几乎没有不能满足的愿望。这个故事有两个曲折，一是阿拉丁被魔法师关在地宫里面出不来，二是魔法师骗走神灯以至将公主、宫殿都搬到了遥远的摩洛哥。但由于有神灯与魔戒的帮助，阿拉丁出了地宫，还杀了魔法师，迎回了公主（《一千零一夜》）。这类奇妙的冒险故事在《一千零一夜》中、在《格林童话》中还有很多。《汤姆·索亚历险记》中，汤姆想当海盗，跑到一个小岛上生活了几天。这种生活由于无险可冒，他们三个小孩又只得跑回家里。汤姆和他的女朋友在山洞里迷了路，眼看要死在洞里，却发现了出口，然后又找到了杀人犯埋藏在洞里的金币，一下子成了最富的孩子。这些冒险（包括笛福的《鲁宾逊漂流记》）不管是被迫的还是主动的，都是和个人的功名、欲望联系在一起的，这一点与当年哥伦布远航新大陆的动机是完全一致的。冒险总是离不开勇气和智慧，除此之外，现实主义作品中冒险的转折、化险为夷，主要靠的是机缘、运气，巫术文学中冒险的突转、出奇制胜，主要靠的是巫术或魔法，因而巫术文学中的冒险会显得更加曲折，因为巫术、魔法既可以用来消除危险，当然也可以用来制造危险。哈利·波特的冒险就比汤姆显得更为神奇、更为曲折。他的冒险经历是一系列的，一个接着一个的，有一种几乎让人应接不暇的感觉。他的冒险有大有小，小的如来到古灵阁这个幽灵的银行，在魔法学校里与怪物的相遇，偷走在图书馆看的禁书，在森林里遭遇伏地魔，等等；大的如来到保藏魔法石的房间与奇洛——伏地魔斗智斗勇。进到保藏魔法石房间的路程本身也充满奇妙的历险：用笛音制伏怪狗路威，用魔杖放出火光驱散纠缠在身上的藤蔓，捕捉漫天飞的钥匙，扮作棋子穿过房间，解开谜语，喝下能穿过黑蓝火焰的荨麻酒，等等。能见到提起名字就让人发抖的伏地魔，更是这场冒险的高潮，也是哈利·波特冒险的"幸运"。

这里有一个问题，就是冒险的意义问题，也就是说，他这一系列的冒险有没有"意义"呢？如果说此前的冒险要么是为了探寻一种未知的东西，要么是不期而遇的，要么是被人引领的（主要是海格——哈利·波特的朋友），看不出冒险者哈利·波特有什么特别的动机、本领，冒险经历也没有什么特别的意义，不过是增加了一些奇异的、刺激性的经历和情节而已。而保护魔法石的经历则有了一个崇高的、正义的意义。哈利·波特不顾一切保护魔法石，就是不让它落入坏人手中，不让伏地魔危害巫师世界。这里就有了正义与邪恶、爱与恨的斗争。这样，冒险就和人物的生活、人生的意义联系起来了，而且，巫师的世界就成了另一个人间世界。哈利·波特成了正义与爱的化身，成了受人敬仰的英雄。这个英雄和他在魁地奇比赛中迅速让格兰芬多队获胜而受到拥戴的性质是不一样的。后者只涉及技能，无关正义（这种神奇的能力也是我们所梦想的，有了这种能力，我们也可以成为英雄）。自然，战胜邪恶的英雄更伟大。在这里，虽然按常理，打球也不是什么冒险，但书中也把它写得曲折生动，几乎成了一种正与邪、生与死的较量。也就是说，除了纯粹的历险，还有所谓出于伸张正义的历险。这样，历险就被赋予了高贵的意义，历险者哈利·波特也被塑造成了一个形象高大的英雄。

二、它满足了少儿乃至成人作为弱者的愿望

在日常生活中青少年乃至成人往往有弱者、受害者的心理，于是就可能幻想自己的强大。这种心态可能投射到个人的言行上，可能投射到穿着打扮上，可能投射到睡眠的梦中。美国电影《超人》中的超人、《蜘蛛侠》中的蜘蛛侠，他们有超凡的本领，能够扶危济困、除暴安良。"替天行道"的愿望是常人也有的，只是常人苦于没有这样的超凡本领，做不了英雄。但如果有那么一件神奇的衣服，一旦穿在身上，便拥有了超凡本领，常人便转眼成了英雄。英雄情结对于常人来说属于那种虽不能至但心向往之

的愿望。

在《哈利·波特与魔法石》中，哈利·波特不过是一个11岁的小男孩，他瘦小的个子，黑色、乱蓬蓬的头发，明亮的绿色眼睛，戴着圆形眼镜，前额上有一道细长、闪电状的伤疤。但就是这样的一个弱小的少年，通过被动或主动冒险成了英雄，这是令人羡慕的。但如果哈利·波特从一开始就是个英雄，那他岂不令人望尘莫及？！其实，哈利·波特从一开始就是一个弱者，没有爹妈，由姨父姨母收养，寄人篱下，除受到姨父姨母的虐待之外，还经常受到其表哥达力和同学的追打。应该说，哈利·波特十岁前的生活是痛苦的，是弱者的生活，是没有爱的生活。而且，哈利·波特生得弱小，这也是他受人欺负的原因。（弱者在一个社会总是多数，就是强者，也有虚弱的时候，也有不能实现愿望的时候。）在魔法学校，起初也受到同学马尔福等人的挤对。这种生存方式虽然与众不同，但其弱者的地位、弱者的心态却是与大多数孩子相似相近的——受人欺负，却无力改变，我们不也是如此嘛！哈利·波特来到魔法学校，首先与"麻瓜"们区别开了，"麻瓜"们不可能再欺负他了。然后，哈利·波特忽然天才般地驾驶飞天扫帚，在这一点上超越了马尔福们，为格兰芬多队夺得魁地奇比赛的胜利作出了关键的贡献。其后与罗恩、赫敏等同学结成了牢固的友谊，互帮互助，无往不胜。再后来是与邪恶展开斗争，成了英雄。虽然弱小，却拥有不同寻常的禀赋，又有同学、朋友乃至校长邓布利多的帮助，这些也是弱者常有的幻想。另外，哈利·波特在尚无任何作为的情况下，即进魔法学校之前和之初，就受到人们的追捧，以至连他本人都莫名其妙。这其实是借了他父母的光，但能在没有任何作为的情况下就受到人们的追捧，不也是常人的愿望吗？就像王子一般，一出生就成了人们追捧的对象，常人也是希望"青蛙变王子"的，只不过这种愿望与前面弱者变英雄的愿望相比更加虚幻一些而已。

巫术的使用也与弱者心态有关。巫术的观念由来已久，但从本质上讲，巫术不过是人的能力的虚妄放大。人感到自己的能力有限，于是幻想通过某种神秘的方式——巫术使自己获得超常的能力，从而达到某种目的，实现某种愿望。在古代，巫术从大的方面可以作用于天地、自然，从小的方面可以作用于人、事、生活，似乎只要掌握了巫术，人便无所不能。由于巫术与欲望相关联，又由于巫术观念历史久远，所以巫术似乎可以看作一种文化的遗留，一种潜藏在心底的本能。大凡欲望得不到满足，在现实生活中无能为力的时候，人们就可能唤醒这种本能，寄希望于巫术乃至神秘的力量了。《阿拉丁和神灯》中，魔戒与神灯只要一擦或一摸，戒指神与灯神就立即现身，完成主人交代的任何事情。在《汤姆·索亚历险记》中，哈克贝利也试图用豆或死猫来除掉手上的瘊子。在《哈利·波特与魔法石》中，念动咒语，魔杖便能放出火光；骑上飞天扫帚，人就可以上天飞行；穿上隐形衣，人就看不见；拥有魔法石，人就可以长生不老；等等。这些东西具有某种魔力，能实现平常生活中不能实现的愿望。

三、它满足了少儿乃至成人好奇的愿望

这里描述了一个奇异的世界。在这里，巫术与万物有灵观是常常结合在一起的。如穿墙而过的幽灵，人像是活动的生命，送信的猫头鹰，门上的夫人像既照门又串门，钥匙像小鸟满天飞，巫师棋子对下棋的哈利指手画脚，半人半马的马人，喜欢打小报告的"洛丽丝夫人"（管理员费尔奇养的猫），等等，这些东西往往具有人性或灵性，能像正常的人一样活动，如幽灵们在一起争论问题，猫头鹰也要索取报酬，马人也有人的情感品性，等等。只要有可能，什么东西都可以开口说话，比如书也能低语、惨叫。

巫术、万物有灵观的表现往往显得很怪诞。这里的怪诞性主要是由于事物违背了常理（"麻瓜"世界的道理），作品也似乎在时时强化巫师世界与"麻瓜"世界的不同。例如，在墙上某个特定地方敲三下，便呈现出巫师世界的对角巷，进九又四分之三站台得照直往里冲，不要顾及栏杆；纳威丢了他的蟾蜍就哭，而罗恩则说："我要是买了一只蟾蜍我会想办法尽快把它弄丢，越快越好。"在新生开学典礼上唱的校歌就有这么几句词："死苍蝇和鸡毛蒜皮，／教给我们一些有价值的知识，／把被我们遗忘的，还给我们，／你们只要尽全力，其他的交给我们自己，／我们将努力学习，直到化为粪土。"这样的描述都大不同于日常生活中的情景，让人感到十分新奇。

善于制造悬念是该书的一大特点。悬念所激发的是人的好奇。满足

人的好奇之心，也是这本书的一大功能和伎俩。它几乎处处都不忘设置悬念。例如，一开头就有什么猫头鹰、流星雨的传言，有奇怪的猫，有神奇的邓布利多，然后有德思礼家不断收到的寄给哈利的信，有奇怪的海格，有古灵阁，有魁地奇，有人们对哈利的追捧，后来又有禁林，不让去的走廊、不让看的书、不准说的事、怪兽、怪狗，不明来历的隐形衣，对哈利不友好的斯内普，斯内普的"阴谋"，等等。这些悬念逗着读者往下看，想看个究竟，找出真相，知道结局，而真相又往往出人意料。例如，吸独角兽血、阴谋盗取魔法石的不是斯内普，而是看起来猥琐不堪的奇洛。在魁地奇比赛中，罗恩、赫敏首先发现斯内普念恶咒导致哈利的飞天扫帚（光轮2000）翻腾打滚，赫敏在奔向斯内普的途中撞倒了奇洛，然后赫敏用魔杖点着斯内普的长袍下摆——哈利恢复了正常飞行。但后来奇洛却抖落出事情的真相：赫敏无意中撞倒了他，"她破坏了我对你的凝视，其实只要再坚持几秒钟，我就把你从飞天扫帚上摔下去了。如果不是斯内普一直在旁边念一个反咒，想保住你的性命，我早就把你摔死了"。如果不是奇洛的自我揭露，谁会注意到赫敏撞倒奇洛这个细节还有这么重要的结果呢？因为这个细节也是真实的：匆匆忙忙中撞到人是再正常不过的了，也正说明她的匆忙。在哈利判定斯内普是坏人、在制造阴谋的时候，我们也只能跟着他的眼睛和思路走了，于是就有了结果的出人意料。在这里，巫术与悬念是相互结合的，巫术世界充满未知，也常出人意料，未知与意外也渲染了巫术世界的神奇。

　　冒险的愿望、弱者的愿望、好奇的愿望等的满足，固然需要巫术发挥其神奇的作用，但也要看到，在这里，除了巫术、万物有灵、怪诞之外，这个巫师的世界仍是人的世界，人的感情、欲望、友谊、正义、好奇、爱、嫉妒、贪婪、愤怒、争强好胜、集体归属感，等等，都是"麻瓜"的精神世界，即使是学习，课堂、考试、复习，也如同"麻瓜"的学校经历。就是神奇的厄里斯魔镜（哈利·波特从里面看到了自己的父母、祖先，镜中哈利拿出魔法石放进自己的口袋里，镜外的哈利·波特竟然也得到了魔法石），邓布利多也拿它来说理："它使我们看到的只是我们内心深处最迫切、最强烈的愿望。""只有那个希望找到魔法石——找到它，但不利用它——的人，才能够得到它；其他的人呢，就只能在镜子里看到他们在捞金子发财，或者喝长生不老药延长生命。"这不就是常见的"寓言"——托物言志吗？只不过这里比较巧妙，将"理"与情节结合起来，"理"成了情节得以呈现的原因。这就与一般的寓言、童话等文本的叙述方式相一致了。

还需要指出的是，如果说愿望的满足只是将情节与人的深层心理世界关联起来的话，那么，巫术、万物有灵观还将情节与古代的文化传统关联了起来，使文化传统得以复活。魔杖、飞天扫帚、咒语、魔药、神鸟等都是古代传说中常见的事物。摩西用神杖敲一敲石岩，石岩就流出甘泉。伏地魔附在奇洛身上，使奇洛成了双面人。"双面人"（神）具有原型的特点。如古代罗马的门神雅努斯，就是双面的神。我国《镜花缘》中就有双面人，一面是君子，一面是小人，更早的《山海经》中也有类似的形象。那么，把伏地魔描写成双面人，就与文化传统联结起来了。伏地魔是邪恶的化身，"总有一些人愿意让我进入他们的心灵和头脑"，这是一个象征，就如撒旦一样，撒旦也不会从世上消失，总有一些人身上有个撒旦，有个魔鬼，这就涉及人内心善与恶的斗争问题。这么说来，伏地魔这个形象还具有形而上的意味。

"哈利·波特"系列叙述了一个少年的冒险故事，一个弱者的成长历程，一个巫术世界的神秘传奇——这三者实际是一体的，从而以其对读者愿望的满足来激发强烈的阅读快感。而这个三位一体，又是作者大胆想象、自由描述的结果。文学创作需要大胆的想象、自由的描述，但就成功的作品来说，其想象的大胆、描述的自由是"随心所欲"的，但也一定是"不逾矩"的，体现了偶然与必然的辩证关系。从表面来看，《哈利·波特与魔法石》讲述的是一个虚构的故事，描述的是一些虚拟的人物，具有超凡的传奇色彩和神秘色彩。虽然"虚"，但又"虚而不妄"，这里描写的事情，都合乎日常的事理人情，都是和我们一样的活生生的人物，他们有血有肉，有欢乐有痛苦，有亲情有冲突。最主要的是，它与读者的阅读期待——生存愿望密切关联。这恐怕是巫术文学最"抓人"的地方吧。

（文中引文参见《哈利·波特与魔法石》，人民文学出版社 2000 年版）

废品艺术：化腐朽为神奇不是传说

"干枯的树枝、废弃的麻绳、陈旧的报纸……这些生活中常见的'破烂'，被错落有致地摆放在磨砂玻璃光箱内，远看竟是一幅栩栩如生的《富春山居图》：墨色秀润淡雅，山水起伏有致。"[1]植物的枯枝、叶片、玉米壳等材料通过修剪、拼接被运用到艺术家徐冰的装置作品《富春山居图》中，在灯光的作用下形成了浓淡相宜的"水墨画"。

徐冰如果用上述同样的材料、质料原创出一个新的"水墨画"作品，估计也会获得"墨色秀润淡雅，山水起伏有致""栩栩如生""浓淡相宜"之类的赞誉，但徐冰却选择了"复制"，用一个装置进行"复制"，"复制"的对象是元代著名画家黄公望的《富春山居图》。复制是后现代艺术的一个常见手法。后现代艺术中的复制，往往是对那些尽人皆知的作品或事物的复制。安迪·沃霍尔的复制对象，包括梦露像、包装盒等。在这里，原型与复制品之间既似又不似，从而产生某种张力。

如果没有原型或原型不"在场"，这种张力就难以产生，复制也就难以达到其目的。也就是说，创作者一定要让观众明白，这是一个"复制品"而非纯然的原创作品。与原型或对象的逼真妙肖固然是艺术家所要达到的效果，但也许不是其唯一的目的，否则，艺术家完全可以用与原型作品相同的材料、质料或笔墨来进行真正的复制、临摹或仿制。如果是这样，这个行为的价值也就仅仅是艺术家为提高个人技艺所进行的练习或为展示个人高超技艺所进行的演示而已，并不会诞生新的作品。而徐冰的这个"复制"行为，可以说诞生了"新"的作品：它使用了不同的材料、质料，可以进行正面、反面观看，不同寻常的材料、质料使作品产生了不同

---

[1]　张景华、俞海萍：《徐冰：不着笔墨画山水》，《光明日报》2014 年 7 月 11 日。

寻常的效果。

艺术作品必须由一定的材料、质料构成，这是没有疑义的，但还存在选择什么材料、质料来构成艺术作品的问题。不同的艺术会选用不同的材料、质料，同一门艺术也存在选用合适的材料、质料的问题。艺术作品与艺术材料、质料的完美结合才能创造出完美的作品。但人们往往并不满足于常规、常用、常见的艺术材料、质料，甚至选用那些看起来匪夷所思的材料、质料进行创作。文艺复兴时期意大利画家阿奇姆博多用水果、蔬菜拼出具有双重视像的作品，达利的一个装置艺术用食用面包做人物的头饰，奥本海姆用动物毛皮包裹茶具创作了其著名的作品《毛皮茶具》，当代人以食物为材料创作"食物画"，还有人以人的行为为媒介"创作"行为艺术，等等，这些作品的材料、质料都不同一般、超出常规，因而具有不同寻常的艺术效果和趣味。但也仅此而已。

这些材料、质料在自由创造方面显然是十分有限的，甚至在收藏保存方面也很困难，以致由它们所构成的作品往往是一次性的、现场性的，因而上述作品虽然能够名动一时，但影响毕竟有限，这些材料、质料也就不能视为理想的具有普适性的材料、质料。于是，水墨、油彩、大理石、金属、乐器、歌喉、演员、语言等就成了最常见、最理想、分别适合不同艺术门类的材料和质料。但人们还是不忘拓展艺术的材料、质料，寻找更为理想的表现媒介。比如用废弃物或垃圾作为艺术创作的材料、质料，就颇有意思，甚至还出现了"废品艺术"或"垃圾艺术"这样的专有名称。

与一般的艺术作品不同的是，在"废品艺术"中，材料、质料在发挥艺术材料、艺术质料作用的同时，其"身份"特征并没有退隐或消退，反而得到某种突出或彰显。比如毕加索的《公牛》，由一个废弃的自行车车座和车把组成，简洁而形象，但车座、车把的"身份"还是一眼就可以看出来的。德国的舒尔特用易拉罐制成的1000个真人高的"环保人"，对于这个作品，人们特别关注的还是组成它的易拉罐等废弃物。有一个叫《废铜烂铁》的音乐作品，就是一帮艺术家在铁架上敲打一堆废铜烂铁演奏的音乐作品，但如果不是听出这些声音是从那些废铜烂铁发出的，或者没有目睹一帮艺术家通过敲打废铜烂铁来表演作品，这个作品就没有什么特别之处。

在这类艺术作品中，废品、垃圾也确实发挥了其作为艺术材料、质料的作用，它们构成了具有一般艺术特征的艺术作品。但同时，作为材料、质料的废品、垃圾，却没有退隐到作品形象的背后，反而站到作品形象的前面来了。所以，在"废品艺术"中，我们可以看到"双重显现"，一个就是废品所构成的艺术形象的显现，一个就是废品自身的显现。这些废品艺术作品的"双重显现"，当然与这类艺术作品的创作观念密切关联。"废品艺术"或"垃圾艺术"的观念性是明显的、明确的，那就是通过在艺术作品中对废品、垃圾这些材料、质料的使用，彰显所谓废品、垃圾的价值，唤起人们对废品或垃圾的重新审视，树立绿色、环保的理念。

这些废弃物品自身是否具有艺术特性或审美价值呢？如果从艺术作品的独创性、意味性来说，这些日常废弃的东西显然不具有独创性、意味性，但如果用后现代艺术的观念来看，各种"现成品"皆可为艺术品。为什么废弃物就不能成为艺术品，更何况是处于"废品艺术"作品中的废弃物呢？在艺术作品这个语境或气场中，构成艺术作品的各个部分难道不会也发生戏剧性的变化吗？但道理可以这样讲，实际上如果你不能从它们身上获得美感，它们就很难说是具有艺术性的。尽管很难说这些作为"现成品"的废弃物具有艺术性，但它们在艺术品的构成中得到彰显却是事实。

废品、垃圾之所以为废品、垃圾，是因为它们的"有用性""可靠性"均已耗尽，不再是作为一个器物或器具而存在了。"废品艺术""垃圾艺术"对废品的再使用开启了它们新的身份、新的功能、新的价值。"双重显现"正是这类艺术作品"成功"的关键。而这种"双重显现"也正是所谓"废品艺术"所要达到的目的。也许，在废品艺术的"双重显现"中，艺术作品的形象本身并不重要，通过艺术作品的形象性的生成来显现其材料、质料的新的价值才是重要的。人们随着艺术家的创作而用新的眼光看待这些原本为废物的东西，从而赋予它们新的价值、新的内涵、新的形象。用废物进行"复制"，其难度似乎要高于原创，因而其匠心独运的惟妙惟肖的效果也似乎更易获得人们的赞许。

在"废品艺术"中，无用的废品、不美的垃圾，这些与艺术毫无关系的东西，经过艺术家神奇之手的点化，也能化腐朽为神奇，成为构成艺术作品的材料、质料，放出美的光芒。这是否表明在艺术创造中一切皆有可能呢？

《乡村爱情圆舞曲》中的喜剧元素

　　《乡村爱情圆舞曲》是"乡村爱情"系列的第 7 部电视连续剧。一个电视连续剧能够一而再、再而三地推出续集已经是不错的了，但"乡村爱情"系列却一连推出 7 部连续剧，并且部部都有不俗的收视效果，也确属少见。《乡村爱情圆舞曲》与这个系列的前六部一样，走的仍是轻喜剧的路径，角色、题材、风格没有太大变化，但在这些因素没有太大变化的情况下，还能让观众不产生审美疲劳，取得不俗的播出效果，其成功原因值得思考。概而言之，这些原因，有赵家班主要人马的出场，有前六部播出所积聚的人气，有正式演播之前辽宁卫视等所做的各种铺垫，有赵本山的出演，等等，但这些都只是外部原因。真正的内部原因，还是在于故事，在于故事的叙述比较"抓人"。《乡村爱情圆舞曲》很讲究故事的叙述，而在故事的叙述中又特别突出了喜剧元素。在这里，可以说，没有喜剧元素就没有故事，同样，没有故事就没有喜剧元素。故事以喜剧的方式展开，故事的演绎在喜剧的氛围中进行。《乡村爱情圆舞曲》能够熟练地运用各种方式来营造喜剧氛围，创造喜剧冲突。尽管人们对这部剧进行了这样那样的批评，甚至认为它太俗，俗不可耐，但因为有喜剧性的不俗表现，这部冗长、拖沓的电视连续剧还是取得了不俗的收视效果。

　　《乡村爱情圆舞曲》中常见、常用的喜剧元素有以下几个。

一、生理缺陷

　　剧中制造喜剧的生理缺陷有结巴、大舌头、瘸子、秃子、不男不女等。在剧中居然有刘能、宋晓峰、赵四三个结巴。自从《潜伏》中有谢若琳这个结巴的冷喜剧人物一炮走红，结巴就在电视剧中流行起来。谢若琳一些经典的结巴台词，如"现～现在两根金条放在这，你～你告诉我哪一根是高尚的？哪一根是龌龊的？别来这套""如果你～你一枪打不死我，我又活过来了，咱俩还～还能做生意，只要价格公道"，都给人留下了深刻的印象。但遗憾的是，同样是结巴，《乡村爱情圆舞曲》中却还没有出现这样的经典台词和经典镜头让人过目不忘。剧中，宋晓峰虽然是结巴，王木生虽然大舌头，他们还有高雅的爱好，就是喜欢作诗、朗诵诗（这样的行为与其生理特征显得相当的不协调）；赵四一说话脸就要抽搐一下，而且是憋了半天、抽搐半天才挤出一句话；刘能是光头，走路的姿势是迈着小步甩着手；刘大脑袋则是瘸子，走路是一瘸一拐的（在前面几集中是瘸腿脚上有块铁，走起来确实如王木生所说的"咔嚓咔嚓"的）；还有不男不女、似男似女的花姐；等等。这些具有生理缺陷的人物形象一出场就能产生喜剧效果，但客观地讲，这些由生理缺陷所带来的喜剧效果，还属于喜剧的低层次，也就是人们所说的滑稽。

二、无知

本来是一些生活常识，尽人皆知的常理，偏有人对此一无所知。这样，一方明白，一方无知，于是发生交流错位，产生滑稽效果。比如，宋晓峰送给宋富贵银行卡，然后马上去银行挂失了。宋富贵将银行卡遗失了，宋晓峰就骗他说卡里的钱被坏人取走了。于是，造成宋富贵、宋青莲父女对宋晓峰的愧疚之情，宋富贵也由此更加卖力地推动宋青莲与他的"互动"。又如，宋晓峰将"高富帅"理解为一个姓高名富帅的人。还如，宋晓峰受到王大拿夸奖后说："董事长是慧眼识珠啊！"王大拿说："你说谁是猪啊？"明明是一个很流行的词语、一个很普通的词语，听者竟然不知道、不明白，从而产生误解、歧解。这种情况看起来不可思议，但发生在这些喜剧人物身上似乎又不是什么意外的事情。由无知所造成的喜剧性自然也不能算是高明的喜剧元素。

三、误会

　　误会是另一种形式的"无知"，即对真实情况的无知。这种无知当然是剧中人物的无知，而观众是清楚的。如杨晓燕在家里会见向王大拿"汇报"情况的宋晓峰，路上又遇到宋晓峰"为了开车安全"而不让生气的她开车走，在餐馆吃饭又遇到走错路闯进来的宋晓峰，等等，造成王大拿对杨晓燕的怀疑、误会，导致二人的情感纠结。由误解的产生到发展到消解，构成了一个比较大的情节。误解在这里具有推动情节发展的作用，而不仅仅是构成一定的喜剧性。这是大的误解。在一般的对话中也常常靠误解制造喜剧色彩。例如，谢广坤买化肥是为了像刘能那样也中一台卡车，当他老伴儿问他中没中，他伸出五个手指，他老伴儿说："啥？中了五辆？"他说："五袋。"当宋富贵说"我家青莲旺夫"时，宋晓峰说"就是她忘了我我也不能忘了她"——宋晓峰将"旺夫"理解为"忘夫"了。在这里，误解都造成了一定的喜剧效果。误会的产生应当确有几分理由，比如谢广坤的老伴儿误以为中了"五辆"而一惊一乍，这在当时的语境中是可能的。脱离这个语境就不可能产生这样的误解。大的误解更应当有几分道理。比如，王大拿对杨晓燕与宋晓峰关系的怀疑，理由就不怎么充分。但由于观众的兴趣在于误解所产生的冲突，所以忽视了对于产生误解的原因是否充分的追究，但理由不足还是显而易见的。

四、流行元素

　　乡土爱情因为把背景放在乡村，又因为这里的人物都很"土"，都不是时尚的市民或白领，所以在这些人物身上如果出现流行元素，流行元素就与人物身份不相协调，就容易产生喜剧效果。例如，剧中频繁使用流行语。流行语本身有一定的喜剧性，加上剧中还往往有曲解、误用，其喜感就比较明显。例如，宋晓峰被王大拿感动得哭起来，当王大拿发现他并没有流泪时，他说："书上说的，真正的感动是欲哭无泪。"王大拿得知宁宁不过是一个乡村姑娘时，对王木生说："你说宁宁是有背景的……"王木生说："你没让我说完，我说的是背井离乡。"又如，宋晓峰对宋富贵表决心："书上说的：朋友是路，老婆是牛；富了要修路，穷了不卖牛。"还有如宋晓峰戴眼镜，他戴的眼镜只有镜框，没有镜片。这个情节似乎有双重作用，一是装斯文，二是装时尚。这些流行元素的使用能使现场气氛顿时喜剧化。但如果流行元素特别是网络流行语使用过多，就可能冲淡情节，甚至使流行元素的使用显得脱离具体情境而给人生硬、突兀、矫情之感。

五、性格的偏执

喜剧人物往往是类型化的性格。类型化的性格面对某种情境必然具有某种相同或相似的行为。这种一致性、一贯性，使喜剧人物能够不断制造喜剧性，产生"笑果"。如刘能的好占便宜，又好管事、生事，与好算计、好争强的谢广坤不断上演对手戏。刘能买化肥中了一台卡车，谢广坤也去买化肥，结果只中了五袋化肥；刘能借中奖之机要搞庆典，谢广坤虽然没有中卡车，但也无碍他找到由头搞庆典，而且要盖过刘能。二人的性格属于类型化的性格。在以好人好事理事会名义去看徐支书这个情节中，刘能是想通过给崴了脚的徐支书送慰问品一事，让同样崴了脚的老伴儿也获得慰问品；而谢广坤则是为了不放过露脸的机会，不落在刘能的后面。刘能与徐支书合影，谢广坤更进一步，抱着徐支书的那条崴了脚的腿照相。二人的算计、冲突带来一系列笑点。特别是在表现谢广坤这个人物的"作"方面，不能不说是成功的。但因为电视连续剧只是表现了他的"作"，而且他的戏几乎全是"作"，很多矛盾也是由他的"作"所引起，所以他是一个很有戏剧推动力的人物。但观众看来很讨厌这个人物，不能从他身上感受到一点可爱的东西，因为他的折腾，往往没有什么情理，成了纯粹的"作"。这种没有情理、不讲情理的"作"，也就导致在塑造这个人物形象时存在明显的不足。其他人物，如宋晓峰的自作聪明、赵四的吝啬等，也能不断产生喜剧冲突。但人物性格如果一味地偏执下去，人物的行为模式和性格特征就没有什么变化，人物形象就显得单一、单薄。所以，尽管性格类型化是喜剧人物的重要特征，但如果能够在表现中有所变化，甚至有所偏离，人物形象就会显得丰富多彩一些。

六、愿望的偏执

喜剧人物执着于自己的愿望的实现，而毫不顾及条件、环境和他人反应，这样，他就显得不通情理，并且必然与周围人物发生矛盾冲突。这种愿望的偏执也成为该剧推动情节发展的因素之一。例如，谢广坤想要孙子而走火入魔，生出许多事来。先是不顾家里人尤其是谢永强、王小蒙的反对，硬是去孤儿院领养了谢腾飞；当得知王小蒙怀孕，便又琢磨着把谢腾飞送走，以致与家里人冲突不断，还与亲家王老七发生冲突。在一次冲突中，他甚至对王老七说出"你没有儿子就没有资格抱孙子"的话，气得王老七拿起铁锹追着要拍他，吓得他狼狈而逃。赵四也想要孙子，但儿子赵玉田、媳妇刘英不同意，连孙女兰妮也不同意，于是他提着礼盒向刘能请教。刘能告诉他可以召开家庭扩大会，他和他老伴儿都来参加，于是民主的结果便由原来的三票反对、两票赞成，变成了四票赞成、三票反对，生孩子的事就这么通过家庭"民主"的方式定了下来。这样的情节都源于人物愿望的偏执。在这里，行为方式与行为目的是不协调的，因而具有喜剧性。又如，刘能为了当好人好事理事会会长，就四处活动，在开会讨论谁当会长的时候，亲家赵四生气不参加，谁请也不去。如果他不参加，刘能就少了一票。刘能就给赵四打电话，说玉田出事了，赵四这才急急火火地赶到村部，发现真实情况后又与刘能发生一顿冲突。刘能的竞职演说也颇有道理：按规定，老徐是支书、玉田是村主任，不能当会长；王老七忙家里的豆腐厂，没心思当会长；赵四倒想当，但太抠门，到时想用理事会的一分钱都难；谢广坤想当，但谢广坤上次掉水里了，怕他脑子进了水。这样，最适合当这个会长的就是他刘能了。在这里，事情的意义被过度放大，人物对待事情的态度过于认真严肃，于是，目的与意义、态度与实质之间就产生了明显的反差。当人物用过于严肃郑重的态度和方式来对待一件意义与之并不相称的事情时，喜剧效果也就油然而生了。

《乡村爱情圆舞曲》中还有其他一些喜剧元素，在此就不赘述了。在这些喜剧元素中，比较高明的应是人物性格的偏执和愿望的偏执。由人物性格的偏执和愿望的偏执所引起的喜剧冲突才是有内在原因并且必然发生的喜剧冲突。剧中将人物性格类型化，并对性格的缺点予以放大，显示其可笑的一面。比如，刘能的想着法占便宜、喜欢显摆，结果往往是自作聪明，搬起石头砸自己的脚。这就有了"笑果"。愿望无可厚非，但如果不考虑条件、时机、场合，固执地追求愿望的满足，就显得不合时宜、不合情理，从而产生喜剧性。

有人说，真正的喜剧是悲喜剧，所产生的效果是含泪的笑。《乡村爱情圆舞曲》当然也很注意悲喜结合、悲喜交加、悲喜交替，并且由此形成叙述的节奏。它不会让你一笑到底，也不会让你一悲到底。这里的悲，如长贵的死，可谓之大悲；如小蒙因为不孕所引起的痛苦，如其他人物谈情说爱方面的不能如愿，以及因为性格不同、误会所引起的冲突，都可归入"悲"或"痛"或"伤"的范围，从而使得剧情在"悲"与"喜"或"痛"与"乐"之间交替、交织。剧中引发冲突的原因，往往不过是些家常小事，但在这些偏执的人看来，这些家常小事都不是小事。他们都全力以赴去认真对待这些"大事"，掀起一次次杯水波澜，一波未平一波又起，情节起伏跌宕，在一张一弛中显得颇有节奏，让观众看得津津有味，不忍舍弃。

是小说，还是散文？

——王蒙小说《明年我将衰老》的"跨界写作"

近读王蒙先生的小说《明年我将衰老》①，有一种恍惚迷离、雾里看花的感觉。一篇不太长的作品，阅读起来为什么会有这种不太寻常的感受呢？

《小说选刊》将这部作品选入，王蒙自己也认为这是一篇小说，可见它是小说无疑。但在阅读中却遇到了困惑：情节呢？人物倒是有的，而且是一以贯之的，那就是"我"和"你"，当然还有其他一些一出现便闪没了的过场人物。在阅读中，你会发现，作品没有固定的地点（即使有"胜寒居"这个住所，但其叙述却不是集中或固定或围绕"胜寒居"来展开的）、没有清晰连贯的时间（只有两个时间坐标：现在和过去；其过去时点的变换是不连续、非线性的）、没有中心事件（如果把心理活动也称为"事件"，则此类"事件"呈碎片状；有心理活动，但没有连贯展开的中心活动）。"我"或叙述者有一搭没一搭、想到哪儿说到哪儿，总的特点是弱化事件、强化情思，"我"沉溺于回忆之中，絮叨着自己与夫人之间的长年往事和近年新事，表达着（现在）对过去经历的感受与体验。在作品中，似乎找不到那个作为小说核心要素的情节。没有了情节，那又如何称之为小说呢？

王蒙先生在其创作谈《散文、小说、感觉》②中说："外国人讲小说则强调它是 fiction，即它的虚构性。虚构并不是胡编，虚构是感觉与体验的忠实，而不仅仅是对事件的表面现象的忠诚。"为了说明这个意思，他举了《明年我将衰老》中的一段话来说明自己的看法：

---

① 《小说选刊》2013 年第 3 期，原载《花城》2013 年第 1 期。
② 《小说选刊》2013 年第 3 期，原载《花城》2013 年第 1 期。

　　今年的天气很有意思，那么多阴雨，像拧干净了的衣巾，该晴的时候自然明朗绝尘。白云卷成鲸鱼，蓝天净成浩玉，这是展翅飞翔的最佳时机。一阵又一阵风，是洗濯也是擦拭，是含蓄也是抖擞，是清水也是明镜。今年的中秋月明如洗。这样的月夜里你数得清每一株庄稼与草，你看得清每一块坑洼与隆起，你摸得着每一枚豆粒大的石头，你看得清远方的山坡与松峰。你可以约会抱月的仙人与丢落棋子的老者，你可以孤独地走在山脚下，因为孤独而带几分得得，你已经被美女称为得得。我想守在你的碑前，你会悄悄地与我说闲话，不再是团结紧张严肃活泼，而是如诗如梦如歌如微风掠影。这时我听到了六十年前的那首歌曲，从前的从前，少壮的少壮，面对海洋的畅想，我们一起攀登分开了大西洋与印度洋的好望角的灯塔。

　　我们看到了蓝鲸，我们看到了河马，我们看到了飞逐的象群，我们看到了猴子与鸵鸟的密集。河水在地上泛滥，女人生育了许多孩子，她们的皮肤像绸缎……

　　这一段写了天气，写了中秋月明，写了"我"和"你"所经历的各种事情等，但它不像是情节性的，而更像是散文性的，但王蒙认为："这当然是小说，它半隐蔽地告诉了读者太多的事件，太多的感觉，同时它更愿意给你从感觉上猜测事件的乐趣与空间。"他所引的这一段可以作为全篇的一个缩影，从这里可窥见全篇的特点。尽管作者强调的是虚构，但在这篇作品中，却没有虚构出典型的情节。它确实写出了某种感受，同时也提及了人物的各种活动，但这些内容却没有构成一个完整的、集中的、自我展开的且描述细致的情节。一般来讲，情节是人物形象之间的完整的冲突过程，从开始、发展、高潮到结束，展开的过程有始有终。但在王蒙的这篇小说里是没有这样的典型情节的，即使他写了当初等"你"（她）的电话、写了在新疆的烧煤炉的生活、写了"我"对一个姑娘关于"洛丽塔"的问题的思考等，这些本来是生活质感极强、极易展开的活动，但作品却往往是点到为止，不作展开。而作品中充满的却是关于"我"的各种感受、各种想法的描写，而且这些描写往往十分生动，例如："这里有丽塔？洛塔？丽丽？塔塔？洛洛？不，不不，不不不，只要有你。我不想知道丽塔洛。"

这样的人物心理描写当然很俏皮，但除了这类心理活动外，作品中却没有真正的、连贯的动作。

既然这篇作品以表现人物的感受和心理活动为主，那么可否把它归入意识流一类的小说呢？它也确实具有意识流的特点，主要表现人物内心的感受。王蒙也是非常擅长意识流的写法的。但在这里又似乎不够意识流，它不是表现意识的流动或流动的意识，而是"我"十分清醒地讲述自己的感受和体验，即便是讲述过去的事情，对其感受也涂上了现在的"我"的色彩，即没有对意识采取让它独立流动的立场。"我"明显是一位回忆者，是"现在""这里"的一位讲述者与感受者，而不是当时在场的局中人；"我"是在相当距离之外来讲述那些事（现在的感受）的。这种叙述方式显然不够"意识流"。

如果联系现实，以王蒙先生自身的人生经历为底本来观照这篇小说，我们可以从中发现，作品中提及的相关活动或经历，往往似乎都有着作者本人的影子，比如年轻时的激情燃烧、在新疆的日子等；哪怕是"我最欣赏的是江南人用普通话说'事情'的时候，情不会读成轻声，而是重重地读成事——情——，情是第二声"这样的句子，也印证了作者持北方话的语言特点。至于作品中所笼罩的"我"对"你"（她）的情意、"你"与"我"的生活关系都显示出实有而不虚的特点。例如："但是你午夜来了电话，说锅里焖的米饭已经够了火候，你说：'熟了，熟了'，你的声音坚实而且清晰，和昨天一样，和许多年前一样。"这样的描写作为一种幻觉都极可能是作者曾经有过的体验。一个总的感觉，就是《明天我将衰老》这部"小说"似乎并非作者所说的是虚构的产物，至少不完全是。作品中有作者的身影或生活也是常见的现象。例如《围城》中的情节，按杨绛的说法就写进了他们两人的经历，如杨绛向钱锺书讲过她当学生时野外住宿时做过的一个梦，这个梦就被钱锺书写进作品作为一个人物的梦了。但在《围城》中，这些作者生活中的事与作品中的人物融为一体，已化为人物的活动，与作者无关了。小说的虚构就是创造出一个与现实生活相异质的文本。如果与现实生活相同相似，那就不是虚构，而是纪实或记录了。当然，在《明年我将衰老》这部作品中，哪些属于纪实性的内容，哪些属于虚构性的内容，恐怕只有作者才完全清楚。

　　我们的阅读习惯在相当程度上受到文体的影响。面对不同的文体，我们会用不同的方式、态度、期待来阅读。小说有小说的阅读方式，散文有散文的阅读方式，诗歌有诗歌的阅读方式。小说侧重虚构，有一个相对完整的由情节、人物、环境等要素构成的自足的时空；散文"形散而神不散"，形式自由轻灵，重在表达作者的真情实感；诗歌以凝练的、有韵律的诗句，营造生动可感的意象，抒发诗人的强烈情感，等等。一言以蔽之，小说是"虚"，散文是"真"，诗歌是"情"。对待不同文体的文本，读者大有"看菜吃饭"的阅读特点。当我们按照小说的一般阅读习惯来读《明年我将衰老》的时候，编者所作出的"小说"文体归类不能帮助我们阅读，还与我们的阅读经验、阅读期待相错位，使人难以按小说的方式阅读下去。如果把它列为小说，显然在文本归类上有些牵强，而且造成阅读的困惑和阅读期待的落空。但如果尝试用散文的方式来阅读，则立即为文中所弥漫的挚情真意所感染、所感动，那一个个细小琐碎的片段，不仅体现了"我"和"你"的挚情真意，而且这种情意也成为联系全篇的内在核心。离开这个核心，那些不断交替更换的片段就是不可理解的散乱的材料。

　　王蒙先生更愿意称这篇作品是小说，笔者则更愿意称它是散文。如欲调和一下，似乎只好称之为"跨界作品"了：这是一篇太像散文的小说，或者说是一篇被当成小说的散文。

《我们的荆轲》，谁的荆轲？

最近由莫言编剧、任鸣导演的话剧《我们的荆轲》在国家大剧院上演。这部话剧是 2012 年由北京人民艺术剧院作为建院 60 周年纪念上演的一部重头戏。剧作上演之后引起了一些反响，有好评，也不乏尖锐批评。好评与批评的焦点多集中在这部戏对荆轲这一传统经典侠士形象的塑造上。好评者认为，《我们的荆轲》塑造了一个真实的、深刻的荆轲；批评者则认为，这个荆轲颠覆了作为传统侠士典型的荆轲形象。那么，在这部剧中，荆轲到底是一个什么样的形象呢？

剧名的意思

要理解这部戏中的荆轲形象，还得从这部戏的名称入手。单从剧作的名称来看，我们也许会得出它是站在剧中人物、荆轲的友人立场上的一个说法或称呼，带有某种亲切、认同的色彩，也许与"咱们的荆轲"意思相近。而剧中情节不仅确有这样的意思，而且这个意思似乎成了剧情展开的一个核心方面。如剧作开始时的情景，是荆轲出去寻访高人时，在一个小小的屠狗场里，高渐离、秦舞阳、狗屠几个人在议论，议论的中心就是荆轲。其中秦舞阳略似一个愤青，他对荆轲的出门寻访高人的行为目的颇有微词，甚至认为他是一个没有什么真本事的假侠士。荆轲不是最早出场的，但他虽未出场却已是这伙人谈论的对象，这样，他就注定要成为剧中的中心人物。老侠士田光受燕太子丹的委托，把刺秦的重任交给荆轲，认为荆轲就是最堪当此任的最好的侠士。这样，一开场，荆轲就在人们的议论中自然而然成了"我们的"——这伙侠士的或这伙侠士中的——荆轲。

接下来的问题

得到老侠士田光的高度评价、信任和重托，对于一名侠士来说当然是梦寐以求的（这是《我们的荆轲》中所反复强调的侠士的理念），但接下来的问题却是："我为什么要去刺秦？"对侠士名声的追求与对刺秦意义的反思在这里构成一种内在的矛盾，纠缠着荆轲，也纠缠着他身边的人们。燕太子丹给了荆轲一切可能的待遇：豪宅，宝物，用自己的肉煲的汤，甚至把曾经给秦王梳过头又与自己同甘共苦从秦国逃回的宠姬燕姬也赐给他、让她侍候他，并声称她最善于治疗男人的"失眠症"。这些都只是为了换取他的刺秦。剧中所一再表现的是，如果刺秦只是作为他对燕太子丹厚遇自己的一个回报，并不能从根本上真正回答这个问题。在这里不能不提及燕姬这个人物。

燕姬这个人物很独特。她起初只是一个被赏赐给荆轲的"东西"，其功能不过是满足荆轲作为一个男人的需要，但接着她却成了一面镜子，一个冷漠的观察者、分析者、思考者。她分析了荆轲的愿望，对荆轲刺秦的每一个堂而皇之的目的和意义进行消解，结论是他只是为了自己的名声才去刺秦。更进一步，她甚至提出，为了获得侠士更大的名声，就要在刺秦时不杀死秦王——如果杀死了秦王，秦王就会成为历史的主角，而他荆轲反而成了次要的配角，这就是说，成全了别人反而失落了自己。这样的结论显然有些荒谬，以致荆轲以她是秦王的间谍为名将她杀死。他的这个行为在这里又似乎是一个隐喻。如果按荆轲对燕姬所说的"你就是我、我就是你，我们是同一个人"，那么，他杀死她，是否就是"杀掉"自己人格或内心的另一个"我"，另一个"小我"呢？也就是说，他杀死她，是否意味着他不愿承认自己身上的"小我"，或通过否定"小我"而保留"大我"呢？对于这种精神分析似的问题，人们大可以做出不同的回答。

哈姆雷特似的延宕

在《我们的荆轲》中，荆轲迥然不同于历史文本中的形象，摇身一变，成了一个具有质疑意识的思想者、一个神经衰弱的敏感者，他思考自己行为的价值，剖析自己的内心世界，对于周边的人和事十分关注与过敏，特别在乎别人对自己的态度和评价，俨然一位两千年前的哈姆雷特。二者的相似之处，就是犹疑、延宕、反思、敏感、对自我的极度关注。在剧中，荆轲似乎在不停地思考为何刺秦的问题，又似乎是在有意拖延刺秦的行程。比如，在出发刺秦前荆轲就有一大段哈姆雷特似的独白，自问自答、自言自语，提出一种想法又否定一种想法，绞尽脑汁地试图找到刺秦的意义和价值。这个问题即便是在荆轲出发上路了仍然是个没有令人信服的答案、困扰人物行动的问题。而他对于"高人"的等待也一再推延着他的启程。他最后是在燕太子丹的百般催促之下才启程的，刺秦实属无奈之举。这种"延宕"与哈姆雷特十分相似，也体现了人物的某种困窘。

单从《我们的荆轲》这个剧作来说，荆轲刺秦属于误打误撞、半推半就、身不由己最后无可奈何地踏上那条悲壮的不归之路的。剧作要揭示的，也就是这种行为与动机的背反。他要走出这种困境，除了自我思考，再就是希望获得高人指点。寻访、等待高人，是荆轲在剧中开头和结尾的两个行为，但他终究没有遇到真正的高人。尽管"高人"只是一个传说，但它还是人们所向往的目标——虽不能至，心向往之。这种理想人格，与现实人格比起来，显得抽象、空洞而渺茫，因而荆轲始终没有找到心目中的高人（甚至田光在这里也算不得什么高人，只不过是有着一身俗气的老侠士而已），没有从高人那里得到指点，也就是情理之中的事情。

按照编剧莫言的说法："这部戏里，其实没有一个坏人。这部戏里的人，其实都是生活在我们身边的人，或者就是我们自己。我们对他人的批判，必须建立在自我批判的基础上。我们呼唤高人，其实是希望我们自己内心的完美。"他的这个说法可以作为把握他创作的目的进而作为理解全剧的一把钥匙。确实，全剧中没有坏人，都是"有血有肉"的人，都是常人、一般人，就是说，他们都不崇高，都不完美，都有真诚与虚伪、高尚与卑贱、勇敢与怯懦、侠义与自私等矛盾的方面，都不是单一、简明的，而是丰富多样的人格。他们是不幸的，他们自觉不自觉地卷入了历史的旋涡，既想成名、成全自己，又不免犹疑、徘徊不前，显示出不能承担命运之重的常人特征。

两个文本的反差

也许，按照所谓历史的文本，荆轲刺秦的理由是明确而简单的，一是诛暴秦，一是重然诺，前者是一种客观的社会价值，后者是一种主观的个人品格。主观个人品格则是刺秦的直接原因，而客观社会价值则是间接因素。在历史文本中，主观品格的价值甚至要超过刺秦的客观社会价值——荆轲把重然诺的侠士品格推到极致，完成了一个简单而鲜明的侠士人格的建构。

而《我们的荆轲》这个剧作则只是借用了历史文本中荆轲刺秦的故事框架，却没有按照历史文本所提供的逻辑和情节来"再现"这个历史事件，而是进行了重新演绎，按照"我们"当代人的想法来加以演绎，也就是塑造了一个具有当代常人常情特点的荆轲。这就是莫言所谓的在历史剧创作中"旧瓶装新酒"的方法。他认为历史中的那个真实的荆轲已不得而知，即便是《史记》中的荆轲，那也只是司马迁笔下的荆轲。因此，他创作《我们的荆轲》，从某种意义上讲，就是他莫言心中的荆轲，甚至这个荆轲身上就有他莫言的元素。这就是说，他创作这部话剧，已不是在试图复活那个"风萧萧兮易水寒，壮士一去兮不复还"的荆轲，而是在用荆轲刺秦的故事框架来展现当代人的灵魂，表现常人在面临重大选择前复杂的内心世界。一句话，此荆轲非彼荆轲。

这种做法，与电影《赵氏孤儿》如出一辙。电影《赵氏孤儿》与纪君祥的元杂剧《赵氏孤儿》也构成有一定关联但又完全不同的两个文本。在电影《赵氏孤儿》中，程婴是没有办法，两害相权中完成救孤义举的，已经没有了历史文本和元杂剧中的那种大义凛然的气概。这就是所谓英雄的常人化、真实化。在编导们看来，似乎只有常人化，才能理解荆轲、理解荆轲刺秦，理解程婴、理解程婴救孤。话剧《我们的荆轲》、电影《赵氏孤儿》看起来是对历史经典的重新演绎，与历史文本和传统经典构成不同的文本，从而对人物、事件进行当代阐释，但由于它们是在传统经典的框架下进行的这种演绎，于是就形成一个建构与解构同体的现象，即在创造新的形象的同时也消解了旧的形象。这有点类似在电脑中拷贝时的"覆盖"，新的文本覆盖、更新或替代了旧的文本，其客观效果是颠覆了传统经典。

娱乐元素的介入

剧中也有不少现代娱乐元素，如人物说着当代的一些流行话语，诸如"抓而不紧等于白抓""那只是一个传说"等，在燕太子丹率仆从送荆轲启程的时候还摆出了"航母 style"的 pose，令观众会心一笑，完全没有那种易水送别的悲壮色彩。这些元素也似乎参与打破了作品与现实的时空距离，将观众从遥远的两千多年前拉到现实中，从而将荆轲一拨人当作当下身边的人物。在这里，文本时空与现实生活既互渗又冲突，似乎有一点穿越的意味。

这样，"我们的荆轲"，就不仅仅是剧中那伙侠士的荆轲或那伙侠士中的荆轲，他更可以被视为我们的荆轲、我们中的荆轲甚至我们荆轲或咱们荆轲、咱荆轲们——他不是一个单数，而是一个复数——似乎只有这样理解，才符合编导们的意图。

但这个十分另类的荆轲，果真就是我们的荆轲或我们中的荆轲吗？

话剧《伏生》：文化传承的一曲悲歌

　　最近中国国家话剧院上演了由孟冰、冯必烈编剧，王晓鹰导演的话剧《伏生》。该剧在舞台设计、背景音乐、表演等方面皆有不少可圈可点之处，而最值得关注的是剧中所呈现的激烈的文化理念冲突。

一、冲突的本质

　　该剧通过李斯与伏生、子勃之间的冲突，表现了儒法之间激烈的思想文化冲突。在剧中，李斯追求以法家理念治理天下，将法家思想光大于天下，形成一家独尊，以思想文化的一统江山实现政治上的一统江山，建立和维护秦王朝的中央集权封建君主专制统治。从历史的发展来看，这种文化—政治追求是有其现实的合理性的。伏生则坚守儒家思想，强调以仁治国，这与李斯所实行的严刑峻法之"法"是对立的。更进一步，伏生还向往百家争鸣的宽容自由局面，这种"多元化"思想显然"不合时宜"，与李斯独尊法家的追求相矛盾。但伏生与李斯的冲突，又不同于子勃与李斯的冲突。后者是简单而直接的冲突。子勃强烈追求自己的理想，那就是推行儒家思想，鼓吹以儒家思想治国，反对法家、老庄思想。在追求一家独尊上，他与李斯没有本质区别。子勃的这种追求也并非没有历史根据。孔子周游列国，孟子游说梁王、齐王，都是要推行自己的儒家思想，以期被统治者采纳。儒家这种强烈的入世、救世思想，不同于道家。道家讲究清净无为，自然也就不会发生当权者像对待儒生那样对待道家传人的事情了。如果说伏生能够凭着自己的智慧和名望暂时逃脱李斯的打击的话，那么，子勃则没有那么幸运了。李斯借助皇权"焚书坑儒"，试图从文献到

168

肉体消灭儒家的思想文化。这是一桩极为残酷的文化惨案。子勃一班儒生遭到毁灭，法家与儒家的直接冲突就告一段落。但这种思想文化上的冲突并没有结束，还在李斯与伏生身上继续以更内在的方式进行。面对焚书令，是留"书"还是留头，对于伏生来说并不是一个问题。他早已意识到自己传承儒家思想文化的历史责任。但与子勃不同的是，他没有选择与李斯直接冲突、公开对抗——如果是那样的话，他就根本不可能完成传"书"的责任。他采取的策略是智斗：他当着李斯的面主动把"书"给焚烧了，但他却已把"书"都"吃"到肚子里了，并希望有一天能够把"书"传下去。他剩下的就是如何保存自己，让自己活下去。

因此，剧中的冲突，看起来都是儒法两家之间的冲突，但却可以分为两种：李斯与子勃的冲突，更主要的是体现了政治理念的冲突；而李斯与伏生的冲突，更多的是体现了文化理念的冲突。后者构成全剧的主脉。

二、冲突的双方

剧中冲突的主要方面，是李斯与伏生。二者都是具有悲剧人物品格的人物形象。剧中的悲剧人物不仅仅是伏生，不仅仅是子勃，李斯也是悲剧人物。不能简单地把李斯视为小人、奸人、坏人。对他，伏生倒是有很客观的评价。李斯对伏生，是既敬又畏且恨。伏生不仅德高望重，而且智慧超群，甚至还赢得了秦始皇的尊敬。所以李斯没有直接毁灭伏生，而是企图通过毁灭儒家经典、毁灭儒生、毁灭伏生的家庭来打击他，使他放弃儒家思想，归顺法家。虽然他很敬畏伏生（如他辩解并非专灭儒家经典，而是其他百家的书都烧），也害怕落下历史的骂名（如他不愿点火焚烧伏生的"书"），但在推行法家理念、维护中央集权方面他是不遗余力、无所不用其极的。这种将个人意志发挥到极致的特点，恰恰是悲剧冲突、悲剧人物所具有的特点。李斯做到了他能够做的一切。他以为他达到了他的目的。但他在临刑前遇到伏生，得知伏生没死、"书"没灭，感到极度的遗憾和意外。这种情景进一步表明李斯并非一个通常意义上的坏人，而是一个积极推行自己理念的"文化人"（伏生在肯定了李斯的历史功绩后这么称呼他）。当然，这样的情景也是令人唏嘘的：一个文化人，为了自己的理念而不惜采取各种非文化的残酷的方式，结果是自食其果、反受其害。而更令人感到可悲的是，即便临刑，他所关心的并不是自己的生命，而是自己的理念是否实现；他所遗憾的不是自己的即将受刑，而是自己理念的不能实现。这样的情景，这样的执着与气概，颇能显示出悲剧人物的精神特征。

伏生在这里被塑造成了儒学大师的理想形象：智慧，宽容，仁义，坚忍，责任……这些品质集于一身，而主题则是责任，在表现责任时也表现了其他品格。例如，当他饮酒的时候，就赞誉过各种酒、各地出产的酒有着不同的好处；他对诸子百家的理解、对百家争鸣的向往，对入汉后的"罢黜百家，独尊儒术"的无奈；他还表白：当初的愿望，不过是想把儒家经典传下去，与其他诸家一同存在；他甚至说：干脆把百家典籍都吃到肚子里，只是年纪大了，做不到了；等等。这些情节显示出他的智慧、宽容、潇洒等品格。他的豁达宽容与李斯的狭隘专制形成云泥之别。而在表现其坚忍方面，作品表现了他的牺牲、他付出的沉重代价：在李斯面前他不得不低下自己高傲的头颅；他不得不交出躲藏在家的儿子从而导致妻子撞死、女儿离弃；他因此而牺牲了自己的名节，成了受人嘲讽戏弄的乞丐疯子；等等。可以说，对他来讲，选择活下来比选择死更为艰难、代价更大、苦痛更多。作品还通过他对于自己活着的意义的怀疑的克服来表现其坚忍。总之，伏生的精神，正是孟子所谓"富贵不能淫，贫贱不能移，威武不能屈"的大丈夫精神，体现了高贵凛然的抗争精神、责任意识。

三、冲突的合理性

《伏生》可以是一部现代历史剧。它把背景放在古代，人物借用古人，事件也穿上历史的外衣。在这里，主要冲突是否实有并不重要，重要的是"大事不虚，小事不拘"。所谓"大事"，指的是时代背景、重大历史事件。"小事"也即具体冲突。历史剧可以在具体人物、具体冲突上展开自由虚构，只要符合历史背景。历史剧当然是以当代人的眼光来演绎历史，不以再现历史为宗旨。如果以史家眼光来看，则历史剧无不荒谬，甚至《左传》《史记》这样的信史也多有不合情理之处。但从欣赏的角度看，正是这种"荒谬"之处，恰是其光辉动人之处。这种"荒谬"之处之所以"成立"，一个重要原因就在于其既"想当然"又合乎一般情理。李斯、伏生在历史上是确有其人的，但二人发生如此惨烈的冲突则于史无据。如果没有自由的虚构，就不会有伏生与李斯的悲剧冲突；而剧作在营构这种冲突的合理性方面也是颇为着力的。

在剧中，冲突不是因为琐屑的小事而起，冲突也不是在凡夫俗子之间展开，冲突是智者之间为了文化的传承传播而引起的。他们都是为理念而生、为思想而战的，具有某种超凡性；但又都是现实中的人。例如，剧中为了使李斯对伏生的打击这样的行为有其"合理性"，还特意表现了他对伏生的嫉妒，因为在他看来，没有人比伏生更了解他，天下只有伏生比他更有智慧。如果没有这样的常人心理的表现，李斯就几乎要成为纯粹理念性的人物了。剧中其实可以把李斯写得好一点，可以突出他的权势，但不应过度渲染他的残暴；可以突出他的专横，但不应过度渲染他的无道。也即，他应当是一位有追求但有局限、有思想但又片面的人物。如果在心理表现上加入一些矛盾犹疑的成分，李斯这个形象可能会更饱满一些，他与伏生的冲突可能会更令人感叹或震撼一些。伏生也不是圣人。例如，关于活下来的价值，剧作也表现了伏生的怀疑。伏生流落街头受到一个乞丐的嘲讽：肚子都吃不饱，"书"又有什么用？！这确实是个问题：历史意义与个体生命的矛盾。站在中华文化传承方面来看，他的坚守、活着当然意义重大；站在个体生命方面来看，他的坚守、活着又有什么意义呢？他肚子里的"书"，不仅不能解决他的生存问题，甚至还给他带来了巨大的灾难。又似乎是那个乞丐"先要命，再要书"的话启示了他，使他明白，只有活下去，"书"才能传下去。这样的曲折也显示出伏生的常人性。这样的情节比较好地丰富了冲突的内容。他们的行为各有其理由，他们的冲突具有某种必然性、合理性与现实性。

通过这种虚构的冲突，剧作展现了历史的悲剧，也展现了悲剧人物的精神气概，当然也展现了剧作者对这种冲突的思考——正是伏生们的坚守，我们民族的文化思想才得以代代相传、生生不息；但伏生们的悲剧能否在文明的当今乃至后世得以避免呢？历史的发展可否不以文化的牺牲为代价呢？这样的思考也许是该剧具有现实性、体现文化自觉的地方。

《泰囧》的不囧之处

　　影片《泰囧》上映后迅速创下 12 个亿的票房价值，不能不说是国产片的一个奇迹；同时，《泰囧》也遭到有识之士的痛贬，而且，形成了一个"骂归骂、看归看"的有趣的文化娱乐现象，这种现象也可谓相当的罕见。笔者以为，《泰囧》确有不少缺憾，离经典、离人们的期待尚有很大距离，但分析起来，《泰囧》还是有诸多不囧之处的，这些方面无疑给人们的观赏带来不错的愉悦效果。

一、公路喜剧

　　《泰囧》的编导选择的是公路喜剧这一电影类型。应当说，公路喜剧这种电影类型在表现上有长有短。从短处来看，其矛盾冲突不是在一个相对固定的时空或社会生活环境中展开，因而这种类型对于编织合理的矛盾冲突、塑造人物形象、揭示心理—精神的深层内涵、形成完满自足的剧情等有相当难度。从长处来看，既然人在囧途，那就一切皆有可能，人物可以遭遇各种奇异的事物，形成冒险、探险性的经历。这种一路走一路冲突的方式，又给剧情编织带来很大自由。在《泰囧》中，徐朗（徐铮饰）与王宝（王宝强饰）萍水相逢，一路走来，基于这种互不了解、互不适应所造成的冲突，是很容易出"笑果"的，但人物的性格、人物之间的关系则难以深入展开和揭示。而且，尽管一切皆有可能，但这些事物、经历之间的关系的合理性则是需要认真对待的问题。好在人们是用娱乐片的定位来看待《泰囧》的，其冲突是否合理也就不太在意，在意的只是当下的笑点是否突出。尽管经不起深究，但因为选择了公路喜剧这种电影类型,《泰囧》中人物的奇遇、异域的奇景仍然发挥了引人入胜的作用。

二、平民立场

从一开始,《泰囧》的编导就没有打算走高雅、艺术、深刻的道路,而是选择了通俗、娱乐、平面的道路,站定了平民立场。编导们完全按照娱乐片的方式运作,多长时间一个冷点、多长时间一个笑点,冷点笑点的节奏、密度等都有仔细考虑和安排,试图让观众始终保持饱满的热情和愉快的心情。从人物形象来看,徐朗与王宝一路搞笑,既有二人与外部(与高博、与文物贩子等)的冲突,更多的是他们二人之间的冲突。他们二人,一个是事业有成且聪明绝顶的白领男人,一个是只想做葱油饼、开葱油饼店的草根青年;一个只顾自己以至有些冷漠无情,一个善良真诚却又有些憨笨无知。前者不能说很坏,后者不能说很好,其实都是俗人、常人,而不是处于两端的、极致的人物形象。他们的毛病、优点、个性、情感、愿望等都是常人所可能具有的。从这一点来说,他们离常人并不远。而且,《泰囧》对于人物精神和社会环境并不做过多的表现和挖掘,使整个人物形象和社会环境都显示出平面化的特点。至于王宝与徐朗在泰国的一番奇遇,也并不能把他们提高到奇人、英雄的高度,只能算是常人的奇遇。

三、温情路线

王宝善良、热情、真诚。这样的人在充满角逐争斗的社会显然是很"二"的。他总是好心办坏事,时常让徐朗陷入困境、哭笑不得。例如,他把徐朗有意放在他包里的手机又不嫌麻烦地送还给徐朗,让徐朗引走跟踪而来的对手高博(黄渤饰)的伎俩落空;他手里捧着仙人球当生命树来呵护,却几次刺痛了徐朗;在跟文物贩子冲突的时候,他抢出一个手提箱,以为是徐朗的手提箱,却遭来文物贩子的追打;等等,以至徐朗认为他是自己的灾星，是对手高博派来的卧底，将他赶走了之。在这些喜剧性冲突中我们可以看出的是王宝的善良、热情和真诚。当徐朗阅读王宝掉下的日记时，又深深地为他对母亲的爱所感动；当徐朗陷入困境，又是他及时赶来解救。最终，一个白领一个草根，结成了难舍难分的兄弟。而徐朗即将破裂的家庭，也在他对女儿、对妻子的爱意和悔意中得以保全，夫妻重归于好。对他人的爱、对家庭的爱、对母亲的爱，成了《泰囧》表现出的温情主题。

四、圆满结局

经过一番历险、一番域外冲突，徐朗放弃了他在"油霸"开发上的主张和权利，他与高博的冲突结束。他回到家里，回到妻子女儿身边，不再是一个只顾事业、埋头工作的冷漠的职业白领。在徐朗的安排下，王宝的梦中情人踏着轻快的步子，一脸笑意出场，让王宝在惊讶中获得愿望的满足。这个情节看起来有些画蛇添足，而且没有太多的合理性，但却能满足人们"大团圆"的愿望，让好心有好报、好人有好报的理念再一次得到实现和体现。这样的结局，要多俗有多俗，但对于观众来说，看了这样的结局就是快于心、惬于意，甚至将《泰囧》喜剧的笑推向欢庆的笑。

总之，《泰囧》作为一部用心制作出来的娱乐片，之所以得到观众的相当认可，与其充分考虑观众、主动迎合观众的合理创意和表现有着直接关系。

一场达人秀所"秀"出的

　　看到瑞士女画家科林·萨特（Corinne Sutter）参加选秀节目《瑞士达人秀》（SCHWEIZER TALENTE）的视频。一段不长的视频显示，她真正的作画时间只有 1'40"，但却经历了被淘汰、被欢呼的逆转。登场后，在音乐声中，她以最快的速度同时也以最好的心情，双手齐用，在画板上快速描画。她画的形象很快显露出来，她现场取材，画的是四位评委之一的 Gress。也许这样的表现过于平庸，评委 Susanne 很快按下了表示淘汰的红灯，这时离科林开始作画只过去了 44"。科林的坏运气才刚刚开始。很快，在她作画 52"、1'07" 时，另两位评委 Bligg、Jonny 也分别按下了淘汰她的红灯。可怜的科林还在台上飞快地画着，但明显可以感受到她的故作平静、故作笑容。Gress 的头像越来越完善了，即便如此，到 1'17" 时，评委 Gress 最后也忍不住按下了淘汰她的红灯。这时科林强忍泪水，继续作画，并在 20" 后画完。画板上呈现出一幅完整的 Gress 画像。但事情还没有结束。只见科林将画板颠倒过来，朝着画板撒了一把白色粉末，于是奇迹出现了：刚才还是颠倒的 Gress 头像，这时却变成了 Bligg 的头像！全场掌声雷动，连刚刚淘汰了科林的四位评委也不禁为她鼓掌。Jonny 自嘲地说，科林的这招让我们评委看起来很愚蠢；Gress 上台拥抱科林，坦承自己淘汰她是个错误，并向她道歉；Bligg 则表示要买下科林的这幅作品……

　　这是一件很有趣的事情。

　　科林的奇巧在于，先画 Gress、实画 Bligg，明画 Gress、暗画 Bligg，并直到最后才显示出这个结果。那么，对她来说，她是知道自己在干什么、要干什么的，而评委（特殊的一类观众）只能看到她现在在干什么，只能看到她此时画板上画出的是什么。评委据此作出淘汰的决定，是可以理解的。而她感到委屈，含着泪水，似乎就有点不好理解了：她应当料到自己这场先抑后扬的表演秀将产生的效果——不到最后是不可能赢得掌声或好评的，评委的淘汰恰恰是她最后赢得欢呼的必然过程、必需环节。既然如此，这场自己所策划的表演秀，你的自信呢？在这一点上，科林似乎缺乏大艺术家所拥有的那种强大的内心。比如毕加索。据说有一次毕加索给人画像，朋友说他画得不像他所画的人。毕加索说，没事，那人最终会变得像我所画的。有这种强大的内心，毕加索才成为毕加索。她似乎太在乎评委的评价，虽然他们的评价过于急切、过于超前。

评委应当在看到最终结果也即完整的作品后再作出评判，然而他们没有这个耐心，或者他们过于自信，抑或为经验所蒙蔽，在科林开始作画不久即纷纷作出判断、作出淘汰的决定。仅凭开始后一段时间的表现，他们就判断出这是一个平庸的画家，她只是在展示平庸的速写技能。一部作品，当你不能一目了然时，你就只能慢慢等它展开。但如果你只凭它的一部分就对它作出判断，就可能犯以偏概全的错误。有一段时间人们质疑长篇小说评奖的公信力，理由之一就是有那么多的长篇小说作品，评委们如何在短时间内一一读完！问题就在这里：你连作品都没有读完，如何对整部作品作出公正客观的判断？！对于这样的质疑，有评委专家解释说，凭部分文字的阅读、凭经验就可以对作品的质量作出判断。这样的经验、这样的判断有时很有效，但有时也不免让人看走眼。由此想到据说是纪晓岚的一首诗："一片两片三四片，五片六片七八片，九片十片千万片，飞入芦花皆不见。"如果单凭前一句、前两句、前三句，似乎可以判断它几乎是在数数；直到最后一句，整首诗也才有了些意思。即便如此，也不能说前三句就没有价值了；它们为最后一句的出现和升华起到了铺垫作用。科林的表演秀也是如此：如果没有前面的平淡无奇，也就没有最后的出人意料。

真正的艺术创作是一个无中生有的过程，甚至可以说是从各种可能中不断选优的过程。创作过程本身不是艺术、不是表演。像张旭那样借着酒力达到解衣般礴的状态，"饮醉辄草书，挥笔大叫。以头揾水墨中而书之，天下呼为'张颠'"，这是一种极度的、忘我的创作自由状态，似乎整个创作都是在无意识中自动完成的。这样的状态颇具观赏性与传奇性，但肯定不是创作的常态。即便是像歌舞类给人看的表演，其创作过程也不足为外人道也，艺术家的表演也多半不过是对创作结果的再现、复现，不能视为创作过程。而且，张旭的这种创作状态、创作过程是别人所模仿不来的。谁也不会太关心你是怎么创作的，你是"两句三年得，一吟双泪流"，还是"日试万言，倚马可待"，都不重要，重要的是结果。母鸡如何下蛋，人们不感兴趣，感兴趣的是它下的蛋。这一点上钱锺书是对的：读者关注作品就可以了，如同吃蛋的人不必去围观下蛋的鸡。创作过程既不足为观、不足为道，那科林为什么要出来秀呢？登台秀技，目的当然是更好更快地获得人们的认可。可以推知，她的现场作画，不过是其早已练习好、策划好的创作过程的再现，并不是即兴发挥、现场创作。也正因此，在遭到评委淘汰后她能坚持画完。而真正的创作往往是一个十分敏感的过程，"作诗火急追亡逋，清景一失后难摹"；如果受到外界干扰，其创作过程往往难以继续下去，如潘大临，本来诗情满怀，不料被催租的声音所干扰，一首诗也就只吟出"满城风雨近重阳"一句了。

把一项艺术活动变成一场赛事，作者要面对"冷酷"的评委，也就是说，你的作品是好是坏，不是你说了算的。你按照你的意愿、想法，尽你所能进行创作，其作品好坏却要由别人来评判。创作如果是一种自娱自乐的行为，你可以秘不示人，可以束之高阁，当然也可以当场毁掉；如果觉得有公开发表的价值，在作品成形之后也可以公开发表。但比赛或选秀就不一样了：你必须现场接受评判。是评判，就有高低好坏之分。再自信的艺术家也不能保证自己的所有创作都能获得人家的好评。所以，艺术家有艺术家的苦恼。例如，吴冠中就说他创作完成后害怕别人看到自己的作品，如同母狗害怕别人看到它的小狗崽一样敏感、胆怯。在这场赛事中，评委决定着你是入局还是出局。这种压力是不言而喻的。而得不到人们的认可是痛苦的。卡夫卡生前曾嘱托自己最好的朋友马克斯·布罗德先生在他去世后将自己所有手稿都烧掉。幸亏这位布罗德明智，没有照他的嘱托办，不仅没有照他的嘱托办，还将这些手稿整理出版，给世人留下了不可多得的文学作品。卡夫卡为什么要作出这样的决定呢？也许，在他看来，既然不为世人所理解，那就干脆都毁掉吧。俞伯牙摔琴谢知音，其心情大概与此相类吧！如同"知音如不赏，归卧故山秋"的心情。艺术创作是一种极为个人化、个性化的行为，艺术作品是一种极为个人化、个性化的东西，虽然如此，却又往往企望他人、企望社会的认可。要实现个性与共性的统一，不是一件容易的事情。在参赛中，你得按参赛的标准和要求来，你得赢得观众、评委的认同。这种外在的东西左右着你，而不是你左右它。科林的泪水，是否表明：被外界所左右的创作，一定不会是自由的创作，也一定不会是愉快的创作？

美在远方

　　一句"世界那么大，我想去看看！"曾引发人们的广泛关注和共鸣。这里说的"世界"，肯定不是身边的世界，而是远方的世界。世界因为大，于是远；因为远，于是大，于是有了"远大"一词。这世界，是"大千世界"，总是那么令人向往。这个既远且大的世界的确值得去看看。因为我们生活在一个平常的、有限的世界，周遭无非寻常之物。似乎这是一个诗意寥寥的生活时空。人既以日常生活的方式存在，也被日常生活所环绕。因为实际的接触和真切的感受，因为受到现实有限事物的束缚纠缠，因为愿望总是走在生活的前面，所以，周围世界、日常生活往往是存在诸多缺憾的，往往是令人不满的。与现实的生活比起来，远方总是美的，总是充满诗意的。于是，有了对远方的向往。到远方去，去寻找一种新的生活、一种诗意的生活。这当然是诗心的一种自觉，是对庸常的一种厌烦与逃离。

远方的魅惑

　　远方对人们的事业发展的重要性，可略举几例。古希腊的两位史学家希罗多德与修昔底德，都曾漫游远方，为他们的历史巨著积累了素材。马可·波罗游历遥远的东方，写下了影响西方近代文化和历史的游记。达尔文乘着"贝格尔"号军舰进行环球考察，为其进化论奠定了基础。在中国历代，大凡有所作为的人们，往往也是要到远方游历的，像孔子周游列国，司马迁游历各地，徐霞客走遍山山水水……远游都成为他们生命历程中的重要部分。古人甚至把远行与读书相提并论，有"行万里路，读万卷书"的说法。

即使没有目的，这个丰富多彩、琳琅满目的世界也是值得世人惊奇与敬畏的。单凭一个"远"字，就令人遐想无穷。中国山水画的一大旨趣，就是追求"远"，由笔墨所呈现的山水世界要表现出"远"的意境。宋代画家郭熙还提出了山水画的"三远"手法，"三远"者，高远、平远、深远也。不同的"远"各有不同的趣味。

这远方的呼唤，也来自人们的内心，是内心的向往。有句流行语："生活不止眼前的苟且，还有诗和远方。"这里的"远方"与"诗"相并列，与"眼前的苟且"相对立。远方既具体又抽象，既现实又遥远，从某种意义上讲，远方是人们凭着经验、凭着愿望、凭着想象而构建的一个"意象"。诗人汪国真在《旅行》中写道："凡是遥远的地方／对我们都有一种诱惑／不是诱惑于美丽／就是诱惑于传说／即使远方的风景／并不尽如人意／我们也无需在乎／因为这实在是一个／迷人的错／到远方去／到远方去／熟悉的地方没有风景"。他又在另一首诗《热爱生命》中说："我不去想是否能够成功／既然选择了远方／便只顾风雨兼程／……／我不去想身后会不会袭来寒风冷雨／既然目标是地平线／留给世界的只能是背影"。在这些诗句里，远方作为一种既具体又抽象的存在，成了引领人们向其勇敢奔赴的目标与动力。

诗人三毛说："不要问我从哪里来，我的故乡在远方。走遍千山万水，只为寻找生命的归宿。"相对于"这里"来说，故乡在远方；相对于故乡来说，"这里"也是远方。"走遍千山万水，只为寻找生命的归宿"，那么，这种四处流浪、寻找"生命的归宿"的目标能否实现呢？或许，流浪本身就是目的？

远方之意

远方有什么呢？"蒹葭苍苍，白露为霜。所谓伊人，在水一方"（《诗经·蒹葭》），这是两千多年前先人的歌唱；"在那遥远的地方，有位好姑娘，人们走过她的帐房，都要回头留恋地张望"（王洛宾《在那遥远的地方》），这是现代人的传唱。可见，远方，与浪漫相关。（期待）远方的邂逅甚至成为文学的一个经久不衰的母题。英国小说家詹姆斯·希尔顿于1933年发表的长篇小说《消失的地平线》中虚构了一个叫香格里拉的世外桃源。因为小说的影响，这个香格里拉成了西方人所向往的地方。书中所描写的香格里拉位于喜马拉雅山脉西端一个神秘祥和的山谷。这个香格里拉对于西方人来说，自然属于远方了。

远方，还与心灵的自由相关。三毛作词的歌曲《橄榄树》唱道："不要问我从哪里来 / 我的故乡在远方 / 为什么流浪 / 流浪远方流浪 / 为了天空飞翔的小鸟 / 为了山间轻流的小溪 / 为了宽阔的草原 / 流浪远方流浪 / 还有还有 / 为了梦中的橄榄树橄榄树。"据说，歌词中的"橄榄树"为作曲家所改，三毛的原词为"小毛驴"；因为唱起来不够好听，便将"小毛驴"改成了"橄榄树"。而驴的形象却常常出现在古人的诗中，如"关水乘驴影，秦风帽带垂"（李贺《出城》）、"往日崎岖还记否，路长人困蹇驴嘶"（苏轼《和子由渑池怀旧》）、"衣上征尘杂酒痕，远游无处不消魂。此身合是诗人未？细雨骑驴入剑门"（陆游《剑门道中遇微雨》）。从这些诗句的描绘中能够读出，驴，几乎是古代文人出行的标配，最好还是"蹇驴"，又跛又笨的驴子。由此可以想见，三毛对古代漂泊之士的"模仿"，表现了她对现代生活、对城市生活有一种厌倦的情绪，她所追求的是远方的那种古朴诗意的田园牧歌式的生活。

远方在海子那里却另有一番意味。远方仍然是远方，但远方却是"除了遥远一无所有"，而且远方的幸福是"不能触摸的"，远方的幸福是"多少痛苦"。（海子《远方除了遥远一无所有》）在三毛那里，"远方"更加诗意化；而在海子这里，"远方"与痛苦相关。不过，即便是"痛苦"的远方，也还是被诗人诗意化，成了一个意蕴丰富的意象。

甚至去远方的流浪漂泊本身也可以成为一种美，一种含有一些苦涩诗意的美。像马致远的《秋思》："枯藤老树昏鸦，小桥流水人家，古道西风瘦马。夕阳西下，断肠人在天涯"，没有华丽，没有宏大，甚至没有新鲜，只有浪迹天涯的无奈，只有对远方故乡的怀想。但也正因为词人的这种苦闷，成全了这首小令，使之成为流浪漂泊者的一剂良好的慰藉。

故乡的召唤

远方也未必为人人所向往，当身处异乡，故乡却成了远方的时候。贾岛（一说刘皂）在《渡桑干》中说："客舍并州已十霜，归心日夜忆咸阳。无端更渡桑干水，却望并州是故乡。"诗中的"无端"，道出了诗人远离故乡的多少辛酸！当人们厌倦当下眼前的生活时，就会对远方充满向往和想象；但一旦到了远方，却又不免生出新的愁绪——对故乡的向往、对亲友的思念。远方与故乡，对远方的向往与对故乡的思念，两种矛盾的思绪常常纠缠在一起。"日暮乡关何处是？烟波江上使人愁。"（崔颢《黄鹤楼》）这样的愁绪似乎令人肠断！我们不禁要问：既然如此，何不快快回归故土？！但现实并非如此简单，那种无奈、那种徘徊，又有几人能够理解！"君问归期未有期，巴山夜雨涨秋池。何当共剪西窗烛，却话巴山夜雨时。"（李商隐《夜雨寄北》）身在远方，心在家乡，以想象中的未来相聚时欢谈现在的情景，来表达对亲人、对故乡的思念。若不是身在远方，岂能有这样刻骨的思家之情！"独在异乡为异客，每逢佳节倍思亲。遥知兄弟登高处，遍插茱萸少一人。"（王维《九月九日忆山东兄弟》）身在异乡固然要怀想故乡，身在故乡的人也会怀想远方的亲友。这种怀想，是来自故乡的对远方之人的召唤。

1987年台湾歌手费翔在央视春晚演唱的《故乡的云》，曾让许多游子感怀不已："天边飘过故乡的云，它不停地向我召唤／当身边的微风轻轻吹起，有个声音在对我呼唤／归来吧 归来哟，浪迹天涯的游子／归来吧 归来哟，别再四处漂泊／踏着沉重的脚步，归乡路是那么的漫长／当身边的微风轻轻吹起，吹来故乡泥土的芬芳……"天边飘过的云是不是故乡的云，微风吹来的是不是故乡泥土的芬芳，是可以质疑的。但在这里，质疑是没有用的，因为它们所传递的是来自故乡的召唤，当然也是来自内心的召唤。没有这云，没有这泥土的芬芳，也会有别的东西来传递这个召唤。因有故乡，才有远方；因有别离，才有怀想。在这里，远方已经不是向往的地方，诗人所眺望的是同样遥远的故乡。远方、故乡之间不管山有多少重、水有多少条，却由怀想连接成一条绵绵无尽而又直接抵达的直线。这就是乡愁。

季羡林先生只在故乡待了六年，从此再也没有回到故乡，但却对故乡的"小月亮"终生难忘。他童年的月亮是这样的："……到了更晚的时候，我走到坑边，抬头看到晴空一轮明月，清光四溢，与水里的那个月亮相映成趣。我当时虽然还不懂什么叫诗兴，但也顾而乐之，心中油然有什么东西在萌动。有时候在坑边玩很久，才回家睡觉。在梦中见到两个月亮叠在一起，清光更加晶莹澄澈。"他在后来的人生中见过各地的月亮，"这些月亮应该说都是美妙绝伦的，我都异常喜欢。但是，看到它们，我立刻就想到我故乡中那个苇坑上面和水中的那个小月亮。对比之下，无论如何我也感到，这些广阔世界的大月亮，万万比不上我那心爱的小月亮。不管我离开我的故乡多少万里，我的心立刻就飞来了。我的小月亮，我永远忘不掉你！""月是故乡明。我什么时候能够再看到我故乡里的月亮呀！我怅望南天，心飞向故里。"（季羡林《月是故乡明》）"我"对故乡明月的怅望情真意切。故乡的"小月亮"不仅与"我"隔着千山万水，而且与"我"隔着十年数十年的时间距离。无论如何，他是再也见不着六岁时的"小月亮"了。

远方之志

乐也罢、苦也罢，远方却绝对是激发诗情的要素。李白、杜甫都是到过远方的诗人。杜甫《登高》云："万里悲秋常作客，百年多病独登台。艰难苦恨繁霜鬓，潦倒新停浊酒杯。"杜甫的后半生，实际上过的就是一种没有归依、四处流浪的生活。在这种艰难的生活中，杜甫以诗抒怀，既常常表现流浪漂泊之苦，也时时歌吟转瞬即逝的美，流浪的生活成全了一代诗人的伟大。与杜甫的流浪不同，李白常常是主动周游四方。"仰天大笑出门去，我辈岂是蓬蒿人。"（李白《南陵别儿童入京》）"长风破浪会有时，直挂云帆济沧海。"（李白《行路难》）在李白看来，理想就在远方："大丈夫必有四方之志，乃仗剑去国，辞亲远游。"（李白《上安州裴长史书》）不管事业是否有成、理想是否实现，与杜甫相似，远方也成全了诗人李白。

"群籁虽参差，适我无非新。"去远方正可以发现和感受新的美。湖南著名景区张家界的发现与画家吴冠中有着重要关系。据吴冠中回忆，20世纪70年代末，他去湖南境内探寻风景，无意中撞进了大庸县的林场——张家界，为这里隐于荒山的奇峰所震惊，画了两幅画，还意犹未尽，写了一篇《养在深闺人未识——失落的风景明珠》发表在1980年元旦的《湖南日报》上，从此张家界渐为人知，今天则闻名遐迩了。[1]张家界（的美）是由吴冠中这位远方来的画家所发现的，他不是第一个目睹张家界之美的人，却是第一个发现并向外界展示、介绍张家界之美的人。这是上天对远游的艺术家最好的奖赏。

"志在远方"，除了谋求功利，实现人生理想，还有就是对现实的超越，寻求精神的寄托与自由。南北朝时的艺术家宗炳喜好山水，青壮年时游历了千山万水，深得山水之趣，认为山水"质有而趣灵""以形媚道"，其作用是"畅神而已"。他年纪大了以后，老病俱至，不能亲自去游历了。为了满足对远方的向往，宗炳便把游历过的山水都画出来挂到墙上，坐卧向之，实现其"澄怀观道，卧以游之"的目的。不仅如此，他还对着墙上的图画弹琴，"抚琴动操，欲令众山皆响"。可以想象出宗炳所创造的这样一个富有诗情画意的生活情境。宗炳也成为"志在远方"的典范。

心灵之远

《世说新语》中王蕴说，"酒正使人人自远"（《世说新语·任诞》），王荟说，"酒正自引人著胜地"（出处同上）。这里，酒使人"自远"、使人"著胜地"，也就是不用出门却能使人到达远方，一种精神的远方。陶渊明也是"志在远方"的诗人，但他却没有游历四方，而是甘于家乡的田园农耕生活。其《饮酒》（其五）云："结庐在人境，而无车马喧。问君何能尔？心远地自偏。采菊东篱下，悠然见南山。山气日夕佳，飞鸟相与还。此中有真意，欲辨已忘言。"这首诗表现了田园生活的从容恬静的诗

① 吴冠中：《画外文思》，人民文学出版社2005年版，第133—134页。

意，其中"心远地自偏"是关键词。偏远的地方不一定在遥远的地方，只要"心远"，每个地方都可以是偏远的地方。陶渊明的"远方"，不是一个空间的概念，而是一个精神的空间。陶渊明所说的"心远地自偏"，也就是从日常生活中超越出来，达到一种高远的精神境界。

能从平常生活中发现新意、发现诗意，就是"自远"，就是"心远"。这是对平常、日常的超越，也就是王夫之所说的"兴"。人们更喜欢称这种状态为"闲"。清代李渔说："若能实具一段闲情，一双慧眼，则过目之物，尽在画图，入耳之声，无非诗料。"① 可见，"闲"，作为一种心灵对生活的超越状态、对世界的开放状态，能够发现平常生活中的诗意，化寻常之物为诗中意象。诗人是能"兴"之人，是有"闲情"之人，是能发现、能创造诗情画意的人。正如王国维所说："山谷云：'天下清景，不择贤愚而与之，然吾特疑端为我辈设。'诚哉是言！抑岂独清景而已，一切境界，无不为诗人设。世无诗人，即无此种境界。夫境界之呈于吾心而见于外物者，皆须臾之物。惟诗人能以此须臾之物，镌诸不朽之文字，使读者自得之。"② 那些能入诗人法眼、"呈于吾心而见于外物"的寻常事物和日常瞬间，无疑是幸运的，它们化为诗中情景交融的意象，化为动人无际的永恒。

有诗云："尽日寻春不见春，芒鞋踏破陇头云。归来笑拈梅花嗅，春在枝头已十分。"原来，苦苦寻找的东西竟然不在远方，它就在身边。借用《中庸》"道不远人"的说法，我们似乎也可以说"美不远人""诗不远人"。熟悉的地方亦有风景。像赵师秀《约客》"黄梅时节家家雨，青草池塘处处蛙。有约不来过夜半，闲敲棋子落灯花"，杨万里《闲居初夏午睡起》"梅子流酸溅齿牙，芭蕉分绿上窗纱。日长睡起无情思，闲看儿童捉柳花"，辛弃疾《清平乐·村居》"茅檐低小，溪上青青草。醉里吴音相媚好，白发谁家翁媪。大儿锄豆溪东，中儿正织鸡笼。最喜小儿无赖，溪头卧剥莲蓬"，写的都是日常生活，却是那么富有情趣，让人会然于心。

---

① ［清］李渔著，张萍校点：《闲情偶寄》，三秦出版社1998年版，第74页。
② ［清］王国维著，谭汝为校注：《人间词话 人间词》，群言出版社1995年版，第106页。

白日不到处，青春恰自来。

苔花如米小，也学牡丹开。

　　清代诗人袁枚这首《苔》诗因为"经典咏流传"节目中山村教师梁俊和他的学生的吟唱而广为传诵。一种卑微而寻常的生命，被诗人的诗心所照亮，穿越二百多年而仍能感动世人。这大约就是所谓"会心处不必在远"吧。

会于心者何物？

　　寻常之物最能打动诗人的、最能吸引诗人的是什么呢？

　　程颢说："万物之生意最可观。"具有生意、生气、生趣、生命的东西，是与人具有相同属性的东西，也是与人最有关联、最能相通的地方。"衙斋卧听萧萧竹，疑是民间疾苦声。些小吾曹州县吏，一枝一叶总关情"（郑板桥《潍县署中画竹呈年伯包大中丞括》）、"浩荡离愁白日斜，吟鞭东指即天涯。落红不是无情物，化作春泥更护花"（龚自珍《己亥杂诗》其五）等诗句，所揭示、所呈现的也就是这种生命之间的息息相关、休戚与共。人们常常感慨道："世界那么大，遇到你容易吗！"在这里，"我"与"你"的遇合确实是不容易，充满了偶然性因素，是一系列的偶然性因素才促成了"我"与"你"的相遇，在这一系列的偶然性因素中缺少了任何一个因素，"我"就不可能遇到"你"，"你"也就不可能遇到"我"。所以，"我"遇到"你"或"你"遇到"我"，属于小概率事件。因为难得，因为好像是上天的某种有意安排，一个偶然的遇合便有了特别的意味。这个特别的意味，便是两个生命个体之间的内在关联；而这种偶然的遇合，又似乎是对必然性的一种超越，是对冷硬的物理法则的一种挣脱，给人带来一种"形而上的慰藉"。世上之物也因为这种生命的息息相关、休戚与共而构成一个生命共同体，也即所谓"万物一体"。这种生命性、这种生命体之间的关联，往往成为寻常之物中诗人最为关注的方面，这也是最能动人的地方。基于人心相通的事实，我们可以说，与诗人相通的地方，也往往能与读者相通；打动诗人的地方，也往往能打动读者。

张世英先生认为"万物一体"之美是最高层次的美，并赋予这种美以神圣性。叶朗先生也十分赞赏这种"万物一体"之美，并认为这种美呈现出存在的终极意义。"万物一体"之美不必去远方寻找，从平常、从日常、从生活、从现实中就能体悟和体味到"万物一体"之美。《世说新语·言语》中有这样的记载："简文帝入华林园，顾谓左右曰：'会心处不必在远，翳然林水，便自有濠、濮间想也，觉鸟兽禽鱼自来亲人。'"在身边也能"会心"，在近处也能作"濠、濮间想"，这就有了一个"鸟兽禽鱼自来亲人"的诗意世界。

宗白华有一首诗："啊，诗从何处寻？——/ 在细雨下，/ 点碎落花声！/ 在微风里，/（载）来流水音！/ 在蓝空天末，/ 摇摇欲坠的孤星！"（宗白华《诗·一》）① 这首 1922 年发表的诗作，对"诗从何处寻"的问题，以诗人的方式作了回答。他的答案在"细雨""微风""蓝空""孤星"等事物中。这些事物都是寻常之物，是不需要去远方就能获得的寻常之物，但也正是在这些寻常之物中蕴含着诗；而诗则能将人引向"远方"，使人"自远"、使人"心远"。

---

① 《宗白华全集》第 1 卷，安徽教育出版社 1994 年版，第 356 页。

老了，老了？

——说说"老了"的那点事儿

老，是生命的变化，是生命的历程，是生命的阶段。人们说青春是美的，没有人说老年是美的。年老总是与身体的衰败相联系。一个走下坡路的生命个体，怎能与充满朝气的青年相比！但年老这事儿又似乎不仅仅这么简单。

一、多老才算老？

以前有一篇课文，有一句"迎面走来一位年过半百的老农"。有一篇文章这样写道："那是一位年过半百的老人，一张饱经风霜的脸，两只深陷的眼睛，深邃明亮，看上去很有神……"在这些文本中，年过半百即是"老"了。现在看来，年过半百也算不得怎么老了。

苏轼（1037—1101）《江城子·密州出猎》云："老夫聊发少年狂，左牵黄，右擎苍，锦帽貂裘，千骑卷平冈。"这首词一般认为作于公元1075年（熙宁八年）冬，当时苏轼任密州知州，时年38岁。东坡先生离"年过半百"尚远，却已自称为"老夫"了。这在今天恐怕会被人视为装大、"占便宜"了。

不过，还有比这更年轻的"老"。普希金有句诗写道："屋内走进一位30岁的老汉。"乍一看，还以为是错误的呢。普希金《叶甫盖尼·奥涅金》中的女主人公的母亲被称为"老太太"，其实才36岁。如果今天有哪位36岁的女士被称为"老太太"，她一定会柳眉倒竖、杏眼圆瞪。在陀思妥耶夫斯基的《罪与罚》中，被男主人公所杀害的放高利贷的"老太太"，其年龄才 42 岁。[①]

时代在发展，判断为"老"的标准也在调整。据说，联合国世界卫生组织对年龄的划分标准作出了新的规定：44 岁以下为青年；45 岁至 59 岁为中年人；60 岁至 74 岁为年轻的老年人；75 岁至 89 岁为老年人；90 岁以上为长寿老年人。这五个年龄段的划分，将人类的衰老期推迟了 10 年。在微信上曾流传一个帖子，宣称：联合国世界卫生组织对于年龄划分标准作出新的规定：0 岁至 17 岁为未成年人；18 岁至 65 岁为青年人；66 岁至 79 岁为中年人；80 岁至 99 岁为老年人；100 岁以上为长寿老年人。衰老在推迟，但也不至于说 60 岁还是青年人。这当然只是人们的一厢情愿，满足了人们恐老、畏老的心态，在娱乐时代相互娱乐也未尝不可，但若是当真就要当心了。

二、老也匆匆

岁月的狠辣之处，在于不知不觉、不着痕迹。撇开具体年龄不说，当你喜欢听当年的老歌，当你开始眷恋故旧，当你只喜欢看一种格调的书，当你只喜欢一种风味的饭菜……就表明你已经开始轻微老了。至于躺着睡不着、坐着就打盹，现在的事记不住、过去的事忘不了，就表明你已经老得不轻了。白居易《咏老赠梦得》所云"眼涩夜先卧，头慵朝未梳。有时扶杖出，尽日闭门居。懒照新磨镜，休看小字书"，眼力不行，精力不济，体力不支，心力全无，则是一副慵懒萎靡的老态。如果你想知道何时皱纹爬上额头、何时双眼昏花、何时两腿乏力……却实在是难以准确说出时间的。但只要我们将一个人幼年时的照片与他老年时的照片放在一起，那真的给人一种当下很慢、一生很快，当下很长、一生很短的感觉。当然，这种巨变并不易为人所觉知，因为人生是在慢慢的一点一点的细微的变化中展开、完成的。这个特点也就是丰子恺说的"渐"："使人生圆滑进行的微妙的要素，莫如'渐'；造物主骗人的手段，也莫如'渐'。在不知不觉之中，天真烂漫的孩子'渐渐'变成野心勃勃的青年；慷慨豪侠的青年'渐

---

① 参见《"30 岁的老汉"消失》，《参考消息》2016 年 12 月 8 日。

渐'变成冷酷的成人；血气旺盛的成人'渐渐'变成顽固的老头子。"因为"渐"，使人生得以"圆滑"进行而不感觉到突兀或跳跃性变化，如果"昨夜的孩子今朝忽然变成青年"，或"朝为青年而夕暮忽成老人"，"人一定要惊讶、感慨、悲伤，或痛感人生的无常，而不乐为人了。故可知人生是由'渐'维持的。这在女人恐怕尤为必要：歌剧中，舞台上的如花的少女，就是将来火炉旁边的老婆子，这句话，骤听使人不能相信，少女也不肯承认，实则现在的老婆子都是由如花的少女'渐渐'变成的"。（丰子恺《渐》。丰子恺写这篇文章的时候是 27 岁。）年轻人不会想到自己将来会变老，即使想到自己会变老，也会认为那是遥远的将来的事情，不必在意。所以，年轻人没有那种人生的紧迫感。但渐渐变老却是不可改变的事实。

老了，就对时间—生命有了感触，那是深有感触，是亲身感触，是真真切切地感受到了"流光容易把人抛，红了樱桃，绿了芭蕉"（蒋捷《一剪梅·舟过吴江》），那种时间—生命易逝的感觉。"红了樱桃，绿了芭蕉"很诗意文雅，现在不这么说了，现在的说法更犀利一些。有一首歌《岁月是把杀猪刀》："还不曾将童年忘记 / 就已经来到了中年 / 岁月岁月像一把杀猪刀 / 走着走着我们就老了……"还有一首歌《杀猪刀》："刀个刀个刀刀那是什么刀，/ 刀个刀个刀刀一把杀猪刀，/ 一刀一刀一刀刀刀催人老……岁月是一把杀猪刀，黑了木耳紫了葡萄软了香蕉。"把岁月比作一把杀猪刀，很俗，也很形象，有一种黑色幽默的感觉，给人以深刻印象。只是歌词中的下文与"杀猪刀"这个比喻不太搭配，与"杀猪刀"的凶蛮契合度不够。

看朱自清（1898—1948）的《匆匆》：

　　燕子去了，有再来的时候；杨柳枯了，有再青的时候；桃花谢了，有再开的时候。但是，聪明的，你告诉我，我们的日子为什么一去不复返呢？——是有人偷了他们罢：那是谁？又藏在何处呢？是他们自己逃走了罢——如今又到了哪里呢？

　　……

　　在逃去如飞的日子里，在千门万户的世界里的我能做些什么呢？只有徘徊罢了，只有匆匆罢了；在八千多日的匆匆里，除徘徊外，又

老了，老了？

剩些什么呢？过去的日子如轻烟，被微风吹散了，如薄雾，被初阳蒸融了；我留着些什么痕迹呢？我何曾留着像游丝样的痕迹呢？我赤裸裸来到这世界，转眼间也将赤裸裸的回去罢？但不能平的，为什么偏要白白走这一遭啊？

你聪明的，告诉我，我们的日子为什么一去不复返呢？

文中充满了感伤甚至愤懑，有一种要哭的感觉："我们的日子为什么一去不复返呢？"这种感伤愤懑对于中老年人来说才更有真实感触，从《匆匆》中的文字来看，似乎抒发的也正是那种韶华易逝、红颜易老的感伤、愤懑，但其实，这篇文章作于 1922 年，作者时年才 24 岁！

阿根廷现代作家博尔赫斯善于玩"穿越"。他通过梦的方式来消除时空距离，把过去、现在、将来"拉"到一起来。时空没有距离了，不同时间的"博尔赫斯"可以在同一时空并立起来。在他的小说《另一个人》[①]中，在 1969 年，住在波士顿北面的"我"——博尔赫斯，一个七十多岁的老头子，与一个从 1914 年起一直住在日内瓦的"他"——博尔赫斯，一个不到二十岁的小伙子，在一条河边的长椅上相见了。两人交谈着，"我"说出了陌生人所不知道的许多事情。老"我"与小"我"相见，其中有着 55 年的时间距离。但 55 年也没有问题，只是一瞬，甚至连一瞬也没有，而是完全消解了这种时间隔阂。显然，老"我"比小"我"的经历丰富多了，但这个小"我"似乎并不那么认同这个未来的自己。可见，要将两个"我"统一起来看来是不可能的了。这是岁月在一个人身上不断塑造的结果。从形而上的角度来看，岁月就是"我"的绵延，因此才有过去的"我"、现在的"我"和未来的"我"。这不是"我"的分裂、"我"的分身，而是不同时期的"我"。不同时期的"我"当然是不同的"我"。博尔赫斯的作品把年老的"我"与年轻的"我"分立起来，有其合理的一面，也有其不合理的一面。但不管怎样，岁月的绵延让生命不断地在绵延中丰富起来。

---

① ［阿根廷］博尔赫斯著，王永年、陈泉译：《博尔赫斯小说集》，浙江文艺出版社 2005 年版。

三、老，还是不老？

　　老了，会是一种什么感觉呢？一种很奇妙但也很不妙的感觉。马尔克斯的《百年孤独》中有一段关于费尔南达的描写："感觉家中到处都是鬼怪精灵，各种物品特别是日常用具仿佛都有了自由移动的能力。费尔南达找了很长时间明明放在床上的剪刀，在家中四处翻遍后，结果在厨房里的隔板上找到，而她却认定自己已经有四天不曾迈进厨房一步。叉子从装餐具的抽屉里不翼而飞，她却在祭坛上找到了六把，洗衣盆里也有三把。她坐下来写信，这种现象更令她绝望。一向放在右手边的墨水瓶跑到左手边；吸墨垫突然消失，两天后又在枕下现身；写给何塞·阿尔卡蒂奥的信与给阿玛兰妲·乌尔苏拉的弄混，她总是为装错信而发恼，这种事也确实发生了不止一次……"①《百年孤独》被人们认为是拉美魔幻现实主义的代表之作。作品中有很多类似前面这段文字风格的描写，好像到处充满精灵、充满魔力似的。在前面这段文字里，剪刀、叉子、吸墨垫等日常用具就好像在与费尔南达躲猫猫似的，用的时候找不着，不用的时候却在别的地方自己现身。这种描写的视角，应该是用的费尔南达这个人物的视角，因为文中已做交代："（费尔南达）感觉家中到处都是鬼怪精灵……"我们现在还有类似的说法：当我们找不到某个东西的时候，会说：不知道它跑到哪儿去了！这也是一种生命化的说法。你可以从修辞格上说它使用了拟人手法，如果从人类文化学的角度看，也可以视为一种原始思维的文化遗存。这段描写非常形象，而且非常真实地表现了女主人公费尔南达年老体衰之后的感觉。这样的描写，让人刻骨铭心地意识到：在岁月面前，人总不免落败。面对这样一个不得不渐渐老去的生命历程，"惟草木之零落兮，恐美人之迟暮""老冉冉其将至兮，恐修名之不立"（屈原），一个"恐"字，道出了多少生命的紧迫、焦虑之感！杜甫（712—770）在寓居成都草堂的第二年，即肃宗上元二年（761），作《漫兴》九首，其一云："二月已破三月来，渐老逢春能几回。莫思身外无穷事，且尽生前有限杯。""渐老逢春能几回"，这是诗人年近半百时的感慨，一种生命有限的形象表达。而"老骥伏枥，志在千里；烈

---

　　① ［哥伦比亚］加西亚·马尔克斯著，范晔译：《百年孤独》，海南出版公司 2011 年版，第 311–312 页。

士暮年，壮心不已"的诗句则道出了入世有为但又老衰无奈的心情。

叶芝流传甚广的那首《当你老了》（袁可嘉译）："当你老了，头白了，/睡意昏沉，/炉火旁打盹，请取下这部诗歌，慢慢读，回想你过去眼神的柔和，回想它们昔日浓重的阴影；//多少人爱你青春欢畅的时辰，/爱慕你的美丽，假意或真心，/只有一个人爱你那朝圣者的灵魂，/爱你衰老了的脸上痛苦的皱纹；//垂下头来，在红光闪耀的炉子旁，凄然地轻轻诉说那爱情的消逝，在头顶的山上它缓缓踱着步子，在一群星星中间隐藏着脸庞。"这首诗通过想象未来"你"（人们一般认为是爱尔兰民族独立运动领导人、女演员茅德·冈）老了之后"我"仍然爱"你"，"爱你那朝圣者的灵魂，/爱你衰老了的脸上痛苦的皱纹"，以此表达"我"对"你"永恒不变的爱。美人迟暮、年老色衰，这是必然的事情，也是令敏感者黯然神伤的事情。迟暮之年仍有人爱慕，也应当是令人欣慰的事情。但，如果这里的"我"是诗人的化身，当他把女友想象成一位老妪的时候，他其实忽略了一件事：他也会老去，女友变成了老妪，他就会相应地变成老翁。

时光易逝，人生苦短。三毛说："我来不及认真地年轻，待明白过来时，只能选择认真地老去。"青春逝去，是让人感怀不已的事情；认真老去，好像是亡羊补牢，无奈中有执着，精神可嘉。面对韶华不再的现实，面对咄咄逼人的年轻人，于是不知谁又说出十分豪气、硬气的话："我也年轻过，可你老过吗？"这样的豪气、硬气，不禁让人想到了海明威。海明威擅长塑造"硬汉子"形象。他的《老人与海》中的老渔夫圣地亚哥就是这样的硬汉子。圣地亚哥84天没有捕到鱼，第85天出海后，与大马林鱼、鲨鱼搏斗了三天三夜，然后精疲力竭地划着小船，拖着大马林鱼的一副巨大的骨架子回到港口。他说："人不是为失败而生的，一个人可以被毁灭，但不能给打败。"他还时常梦到在非洲海滩上出没的狮子。[①]这样的人物形象很典型地体现了西方传统悲剧精神，也即对具有压倒性力量的命运的勇敢抗争。陆游《饮牛歌》云"勿言牛老行苦迟，我今八十耕犹力"，诗人以十分自得的口吻，说自己八十还能耕田。这应当是很了不起的体力和精神，与白居易《咏老赠梦得》一诗中所说的慵懒萎靡的老态完全不同。

---

① 参见［美］海明威著，吴劳译：《老人与海》，上海译文出版社 2006 年版。

王蒙不久前发表的小说《明年我将衰老》(《小说选刊》2013 年第 3 期)，单从题目来看就颇有些意味。王蒙，1934 年出生，创作该小说时已近八十。他 1953 年创作《青春万岁》时年方十九。"明年我将衰老"，明年复明年，明年何其多！明年，那是一个未来的时间。年近八十还认为未老，"踏遍青山人未老"，还在与岁月抗衡。我们似乎可以发现，这个"我"，在某种意义上似乎是 60 年前高呼"青春万岁"的那个"我"(的再现)。臧克家 1975 年创作的《老黄牛》云："块块荒田水和泥，深耕细作走东西。老牛亦解韶光贵，不待扬鞭自奋蹄。"诗中的老黄牛知道自己老了，也知道属于自己的时间很宝贵，所以更加努力工作。这是奋斗精神与乐观精神的高度融合。如果说《明年我将衰老》是不服老的话，那么，《老黄牛》则是以另一种方式"抗老"。

四、不仅仅只是老下去

"年年岁岁花相似，岁岁年年人不同。"(刘希夷《代悲白头翁》)人生的变化是不可阻遏的，这是令人无可奈何的事情。但江山代有才人出，一代新人换旧人。没有上一辈人的老去，也就没有新一代人的兴起。

文学艺术可以化瞬间为永恒，让时间定格，但现实的时间却是永远不停息地向前飞奔的，被比喻为"时间之矢"。杜牧(803—约852)有诗："清明时节雨纷纷，路上行人欲断魂。借问酒家何处有？牧童遥指杏花村。"诗中的牧童就此定格，成了永远的牧童。但稍有常识的人如果盘算一下，那个十来岁的牧童如今应该是有 1160 岁的古人，如果他有子孙，也不知延续了多少代(如按 20 年一代，那就是 50 多代！)。辛弃疾(1140—1207)《清平乐·村居》："茅檐低小，溪上青青草。醉里吴音相媚好，白发谁家翁媪。大儿锄豆溪东，中儿正织鸡笼。最喜小儿无赖，溪头卧剥莲蓬。"这是一个很温馨的农家生活场景。其中调皮的"小儿"，算下来也应当是 800 余岁的古人，如有后人，也不知是多少代子孙的爷爷的爷爷的爷爷了。

"固知一死生为虚诞，齐彭殇为妄作。"(王羲之《兰亭集序》)人不可能长生不老。面对衰老这个事实，中国的文化传统是讲达观通透的。白居易（772—846）《达哉乐天行》：

> 达哉达哉白乐天，分司东都十三年。
> 七旬才满冠已挂，半禄未及车先悬。
> 或伴游客春行乐，或随山僧夜坐禅。
> 二年忘却问家事，门庭多草厨少烟。
> 庖童朝告盐米尽，侍婢暮诉衣裳穿。
> 妻孥不悦甥侄闷，而我醉卧方陶然。
> 起来与尔画生计，薄产处置有后先。
> 先卖南坊十亩园，次卖东都五顷田。
> 然后兼卖所居宅，仿佛获缗二三千。
> 半与尔充衣食费，半与吾供酒肉钱。
> 吾今已年七十一，眼昏须白头风眩。
> 但恐此钱用不尽，即先朝露归夜泉。
> 未归且住亦不恶，饥餐乐饮安稳眠。
> 死生无可无不可，达哉达哉白乐天。

白乐天也真够洒脱的！不问柴米油盐，只是访僧坐禅；家里没吃没喝的，就起念头卖田卖房，还担心卖的钱没用完自己就命归黄泉了。有这样的达观，难怪他寿达古稀，在古代诗人中算是少有的高寿之人了。

启功（1912—2005）先生进入老年后作自嘲诗："中学生，副教授。博不精，专不透。名虽扬，实不够。高不成，低不就。瘫趋左，派曾右。面虽圆，皮欠厚。妻已亡，并无后。丧犹新，病照旧。六十六，非不寿。八宝山，渐相凑。计平生，谥曰陋。身与名，一齐臭。"（经简单推算，启功先生作这首自嘲诗的时间应当是在1978年，到现在已是40多年过去了！）经过一番自嘲，生老病死就不是问题了，自嘲者似乎一下子就强大无比了。不过，与其说他是在嘲讽自己，不如说是在嘲讽生命中的各种痛苦不堪。这种达观，也是中国文人的一个传统。

1957年11月17日，毛泽东主席在莫斯科大学礼堂接见了中国留苏学生代表，他以诗人的方式对年轻的留苏学生说："世界是你们的！也是我们的，但是归根结底是你们的！""你们青年人朝气蓬勃，好像早晨八九点钟的太阳。中国的前途是你们的，世界的前途是你们的，希望寄托在你们身上！"① 算下来，当时毛泽东主席 64 岁，是典型的老人了，因此也就有了寄希望于年轻人的想法。但是，年轻人是动态的。年轻人也会渐渐老下去。参加这次会见的留苏学生，在他们为国家、为社会发光发热，历经生命的高峰之后，也会走向衰老。如果按当时是 20 岁来算，他们现在也应该都是 80 岁的老人了，垂垂老矣。在这 60 年期间，不知有多少年轻人渐渐老下去，但同时也不知有多少年轻人又一茬一茬地起来了。

人类社会就是这么生生不息、向前发展的。

新陈代谢是自然规律。最高明的智慧，就是顺应自然。

五、不一样的老

孔子曾骂过他的一位老朋友原壤"老而不死"。《论语·宪问篇第十四》："原壤夷俟。子曰：'幼而不孙弟，长而无述焉，老而不死，是为贼。'以杖叩其胫。"（杨伯峻译文：原壤两腿像八字一样张开坐在地上，等着孔子。孔子骂道："你幼小时候不懂礼节，长大了毫无贡献，老了还白吃粮食，真是个害人精。"说完，用拐杖敲了敲他的小腿。）② 在这里，"老而不死"也成了原壤的一大罪过。后来在俗语中有"老不死的"骂人话。海子《明天醒来我会在哪一只鞋子里》就有："我在黄昏时坐在地球上／我这样说并不表明晚上／我就不在地球上 早上同样／地球在你屁股下／结结实实／老不死的地球你好"。这里，"老不死的地球"与"你好"形成一个背反性的结构，颇有意味。孔子骂原壤，从其幼数落到老，可谓是对其一生进行全盘的否定，在他看来，原壤岂止是为老不尊，简直是一生乏善可陈。其中的"老而不死，是为贼"的说法似也可以看到远古先民生活的影子。这时的孔子，应当也是一位老人，于是便有资格去批评同辈；他所骂

---

① 《1957 年毛泽东对留苏学生的演讲：世界是你们的》，中国网 2014−11−16 21:01:10。

② 杨伯峻译注：《论语译注》，中华书局 1980 年版，第 159 页。

的方面，正是原壤违背其价值标准的方面。孔子曾自我评价："其为人也，发愤忘食，乐以忘忧，不知老之将至云尔。"（《论语·述而》）"不知"不等于"不至"。木心说："岁月不饶人，我亦未曾饶过岁月。"孔老夫子就是未曾饶过岁月的千古贤哲。他是有理想、有追求、有坚守的，这不仅让他"不知老之将至"，也使他能从其道德高地对原壤进行一番批评。在这里，一个"老而不死，是为贼"，一个"不知老之将至"，其"老"的境界大不相同。

老人因为经验丰富，往往具有超凡的智慧。瑞士心理分析学家荣格提出的著名原型中甚至有"智慧老人"一项。智慧老人是原始智慧与直觉智慧的形象化，具有强大无比、无所不知、无所不能的特点，常以隐士、渔樵、哲人或教师、魔术师的形象出现。好莱坞大片《功夫熊猫》中的乌龟大师应该就属于这种原型：不知所来、不知所终，但却有着超凡的智慧，既知道从前，也能预知未来，而且有着超凡的功夫，是众多功夫高手的师傅的师傅。智慧老人的形象在中外很多文学作品中确有出现，具有所谓原型特点。当今是信息时代，年轻人所接触的信息甚至可以超过年老者，但这并不意味着年轻人就一定具有超过年老者的智慧，毕竟，信息≠知识≠思想≠智慧。正如黑格尔所说，同一句格言，在一个饱经风霜、备受煎熬的老人嘴里说出来，和在一个天真可爱、未谙世事的孩子嘴里说出来，含义是根本不同的。在这里，生活经验的不同导致老人与孩子对同一句格言的感受、理解的不同。这句格言对于老人来说具有更丰富的意味——他是用生命体会过这句格言的，这句格言对他来说不是抽象的、不是空洞的。这种内化为生命或与生命关联在一起的知识、思想、观念等，才是智慧。

也有"倚老卖老"的。齐白石在画上的落款常常要突出自己的"老"。你看他的落款："白石老人""白石山翁""白石老人昏眼作""白石老人八十六岁作""白石八十八""八十八白石""戊子秋八十八岁白石老人""八十八岁白石老人画于京华"，甚至还有"辛卯九十一岁白石老人""壬辰九十二岁白石"，这样的落款不得不让人敬佩画家的艺术创作，也不得不羡慕画家的高寿。著名画家黄宾虹也有类似的落款："八十七叟宾虹""八十八叟宾虹""壬辰八十九叟宾虹""宾虹甲午年九十又一"，等等。年寿越高越值得一书，将八十以下的岁数写入款识的就比较少见了。

这似乎表明，人虽然老了，但创造艺术的心灵却可以长葆青春，甚至达到更加高妙的境界，实现人书俱老，如同杜甫诗所云"老去才难尽，秋来兴甚长"（《寄彭州高三十五使君适、虢州岑二十七长史参三十韵》)、陆游诗所云"形骸已与流年老，诗句犹争造物功"（《幽居夏日》)。

"生活不止眼前的苟且，还有诗和远方。"（高晓松）远方，是一种向往。对于老者来说，人生似乎只有归途："少小离家老大回，乡音未改鬓毛衰。儿童相见不相识，笑问客从何处来。"但也未必。南北朝时的画家宗炳（375—443）喜好山水，青壮年时游历了很多山水。他深得山水之趣，认为山水"质有而趣灵""以形媚道"，其作用是"畅神而已"。但年纪大了，老病俱至，不能亲自去游历了，为了满足对远方的向往，便把游历过的山水，都画出来挂到墙上，坐卧向之，实现其"澄怀观道，卧以游之"的目的。不仅如此，他还对着墙上的图画弹琴，"抚琴动操，欲令众山皆响"。可以想象宗炳所创造的这样一个富有诗情画意的生活情境。可见，老了，可以是"夕阳无限好，只是近黄昏"（李商隐《登乐游原》)，可以是"莫道桑榆晚，为霞尚满天"（刘禹锡《酬乐天咏老见示》)，也可以是"老夫喜作黄昏颂，满目青山夕照明"（叶剑英《八十抒怀》)。

老了，不仅仅只有衰老，它还可以有意思。

乘坐高铁的愉快

　　舟车劳顿，加之身体受限、活动有限、景物单调、内心孤独等因素，长途旅行对很多人来说都不是一件轻快的事情。但与汽车、飞机、轮船等交通工具比起来，乘坐高铁却是相对愉快的。这是笔者所能感受到的愉快。这种愉快的一个表现，就是在高铁上往往内心比较活跃，时能突发奇想，或有忽然贯通、豁然开朗、文思泉涌的感觉，好像头脑比平时灵活了许多似的。似乎有研究表明，躺在床上、行走和在车马上，是产生创意的三种最有效的场合。而乘坐高铁所能激发心思的作用似乎更甚于其他方式。我想，如能趁此内心活跃，马上拿起笔来开写，或许能写出像样的文字。

　　那么，乘坐高铁为什么能激发人的创意或文思呢？

　　车上坐着乘客，他们各自都坐着车。于是，就有了一个好处：处在人的环境中，但又互不打扰。有人喜欢独处，甚至深入大山、荒漠中，寻找一种远离尘嚣、贴近自然的感觉。其实人是不能离开人的。在人群中才有安全感。在人群中是温馨的。如能从人群特别是陌生的人身上感到一种只有从同类那里才能感受到的亲切，不就是感到了一种人世的美好吗？火车上都是出门的人。他们不是坏人。他们的目的与你一样，只是坐车而已。都是人，都是与你一样的人，却又是陌生的人。于是，你不必为自己的安全问题而有所顾虑。他们是真正的路人，也就不会打扰你。更重要的是，你也不必特别在意他们，不会心里对他们产生什么交往、言谈的想法。他们更多的是作为环境、作为一种背景而存在于你的周围。你大可以心无挂碍、心无旁骛地做你的事情。而在这样的环境中，你最能做、最适合做的事情是什么呢？是内心活动、沉思默想吧？

　　在火车上，别人是坐车的，你也是一个坐车赶路的乘客。于是，这也就有了一个好处：这里的各种事情、话语，各种动静，对你来说，是没有什么意义的，也都与你没有什么关系。海厄特写过一篇《偷听谈话的妙趣》，列举了他在路上偷听到的路人谈话的片言只语，并认为听到这些片言只语是一件颇为有趣的事情。但我以为，对于常人来说，这些片言只语是没有多少实际意义的，你多半也难以从中感受到所谓的乐趣。没有意义、没有关系，你就可以不去搭理它。而且，那些没有意义、没有关系的刺激，也不太容易引起你的注意。这样，就似乎形成了一种嘈杂的安静或安静的嘈杂。也许，适度的嘈杂对于激活人的思维不无好处，有事实为证：J. K. 罗琳就常常在一个小咖啡馆写她的"哈利·波特"。

在火车上，你离开了你熟悉的环境，这里既不是你的家，也不是你的办公室，是你既熟悉又陌生的地方。这就是它的另一个好处：距离。这是由时空距离所带来的心理距离。与你攸关的那些事、那些人、那些喜怒哀乐，这时都不在身边了。它们，他们，一时与你没有那么直接的关系。你似乎可以眺望你的生活、你的人生，你变成了另一个你。也就是说，这种距离，是一种跳脱，不再在局中，反倒可以把局中事、局中人好好回味一番、咀嚼一番。角度、距离的改变使你看待生活、人生的眼光发生了改变。用另一副眼光打量自己，往往能有新的感触和发现。如郭六芳《舟还长沙》："侬家家住两湖东，十二珠帘夕阳红。今日忽从江上望，始知家在画图中。"因为有了距离，因为是眺望，于是家乡面目也发生了变化。

在火车上，你可以自由活动，但你的活动方式、活动范围毕竟是有限的。这就是它的又一个好处：身体活动受限制，内心活动反而不受限制。而且，在火车上身体的姿势多半是处于坐着休息的状态，这样，身体活动的近乎停止，正好可以使内心免受身体的打扰；身体休息了，内心可以更多地独立活动。这对喜好自由活动、不喜欢受到拘束的人来说，也多半是只好如此的事情。人在无聊的时候就只好思考、读书了。思考、读书具有克服无聊的功效。当你什么也干不了的时候，思考、读书便可以成为打发时间的有效、有益的方式。从这个角度来说，火车上的思考，是"被"思考。

初看起来，这几个方面的好处在乘坐其他交通工具的时候也是有的，但因为车辆的颠簸或空间的狭小，这几个对于内心活动或思维的好处在其他交通工具上实际上是很难产生的。而因为高铁有以下这个特点，于是上述好处便也随之产生。

高铁列车快速行驶，往往达到300公里/小时的速度，但却颇为平稳。这正是它的独特好处：在运动，又平稳，有一种恰到好处的轻微颤动。这样的环境，既不同于坐在大巴或小车内，也不同于坐在室内的书桌旁。坐在大巴或小车内，人被载着运动，运动的程度往往很大，轻则左摇右晃，重则前仰后合，你的身体不仅很剧烈地被运动，而且是不可预期地被运动，你得时时调整体态去适应这种被动运动。这也是坐大巴、小车令人疲乏的原因。可想而知，心神不得安宁，哪有心绪去做沉思冥想的内心活动？坐在室内虽则没有这种被运动的情况，可以身心俱宁，但一切处于静止之中，环境是安静的，既无干扰，也往往没有被激发，心灵似乎也就可能沉静下去。也许，高铁列车内的这种飞跑中的轻轻颤动，特别能够激活心思，在这种轻轻的颤动中人的血液流得更快了，脑细胞之间的交流沟通更快了。人喜欢被振荡也是有事实为证的，比如荡秋千。

可以肯定，不是每一个人都能从高铁的乘坐中体验到上述所谓的愉快。但高铁车厢这种特殊的环境，确能促人沉思冥想，而沉思冥想又确能带来愉快。能从几个小时的长途乘车中感受到愉快，旅途也就不那么乏味了。

听到自己的声音

听到自己的声音是再正常不过的事情，因为我们每天都要说话。这些话表达着自己的思想情感，当然还由声音的或高或低、或急或缓、或细或粗而生动形象地呈现着我们的思想情感，声色俱在，构成表达的现场和气场。这些话是说给谁听的呢？除了自言自语，肯定是说给别人听的。既然是说给别人听的，那么，我们自己听没听到自己的说话呢？回答当然是肯定的。事实上，我们听到自己说话对于我们的言语交流来说是十分重要的，如果听不到自己的声音，你也许就难以与人正常交流了——这不仅仅是因为听不到自己的声音也就理所当然地听不到别人的声音；而且，从言语交流方面来看，我们听自己说话，有着某种实时"监控"的作用：通过自我"监控"，我们知道了自己的表达实况，并随时可以对自己的话语进行调整，以便使我们的说话符合我们的表达意愿。只不过这个听自己说话的行为是在极为习惯或无意识的状态下进行的，而且几乎是在心耳合一的情况下进行的——我们当然知道自己想说什么，于是我们就听到自己在说什么——所以，虽然我们在很认真地听自己说话，但并没有意识到我们在听。如此说来，我们对自己的声音应当是十分熟悉的了。但果真如此吗？

刘成纪教授的一篇文章《陌生的声音》[1]说到一个颇为有趣的现象：当作者打开一个自己讲学的录音文件时——

> 打开录音，里面的人在滔滔不绝地说话。声音偏绵软，低回婉转中透着底气不足，局部纤细得像秋日的蚊子。这让人感觉十分诡异。确实，如果不是讲述的内容鲜明地标示出这是我在某地的一场演讲，

---

[1] 载《中国艺术报》2013 年 11 月 11 日。

真让人难以相信这种声音竟然是从我的口中发出来的。

但是，这又确定无疑的是我的声音，而且几十年来肯定都保持了这种软绵绵的腔调和节奏。这种情况让人大为不快。因为在对自己的声音认知或者对自己语言方式的期许中，我说话的声音原本应该更加偏于刚劲和明朗才对！

作者居然对自己的声音感到陌生甚至感到诧异、感到不快。这种感受看起来颇为奇怪，但有这种感受的并非他一人。笔者也有过类似感受。刚用微信的时候，有一回我点击了微信中我发出过的语音短信，从手机里听到的声音是既熟悉又陌生的，明明是自己说过的话，但又和自己印象中的自己的声音明显不同，以致引起自己的怀疑：自己平时说话是这个样子吗？是不是手机在录音或播放时发生声音变异或失真现象呢？如果细究一番，我们就会发现，发生这种现象也是有原因的。我们长期以来听到的自己的声音，是从一个固定不变的角度、距离、位置、方向传到耳中的，这样一来，我们就没有听到来自不同角度、不同距离、不同位置、不同方向的自己的声音，于是我们自己听到的自己的声音在自己的印象或听觉记忆中就被定型了。这个自己亲耳听到的声音被当成自己真实的声音。当我们听到来自不同角度、不同距离、不同位置、不同方向的自己的声音的时候，我们就好像听到了自己的"不同的声音"，于是对它产生陌生感，甚至怀疑自己的录音或语音短信是否真实。但这种怀疑又是很容易消除的，例如，把这段语音放给熟悉自己的人听，或者把手机中自己熟悉的人的语音短信播放一段，就可以判断手机中的语音是不是自己的，是否存在语音变异或失真。结果当然是很快便证明手机中的语音是自己的真实的声音。看来，自己有两种声音，一种是自己说话时听到的自己的声音，另一种是录音中的自己说话的声音。面对两种不同的声音，我们的反应极可能是，要么是认为自己听到的说话声音是真实的，要么是认为录音设备放出的声音是真实的。但在这里，这种非此即彼的逻辑思维却遭遇了有力挑战：前者是自己亲耳实时听到的，其真实性不容置疑；后者是机器设备客观准确记录的，其真实性也不容置疑。

如果将这两种声音进行比对，还会使我们产生不同的情感反应。在日常生活中，我们是自觉不自觉地按照自己认为最好的、最惬意的、最舒适的、最自然的、最自己的话语方式来言说的。我们在听到自己的录音的时候如果感到不快，那是因为我们是在脱离语境、脱离现场并按照理想的标准来审视自己的声音的。我们希望从播放设备中听到的自己的声音是音质优美、表达流畅、字正腔圆等的声音，是合乎自己印象或理想的声音；但限于自身条件或环境情况，我们的话语声音往往不能达到理想状态。由于我们自己平时较少能够直接关注自己的声音，其是否合乎理想标准的状态并没有被特别关注，也就没有这种不满或不快了；一旦把自己的话语作为外在的客观对象来听，这种与理想状态的差距也就凸显出来了。这或许是"距离"所产生的效果。可见，"距离"不一定产生美。更进一步来说，因为不符合自己的印象或标准，因为不美，于是便认为不真实——得出这样的看法也是颇为自然的事情。当然也有听到自己的声音而产生欣然之感的情况。比如，当我们从声响效果很好的麦克风中发出声音的时候，我们会听到颇有乐感的音质，感到自己的声音原来如此清脆或如此浑厚。这时我们也会产生某种欣然的快感。听到了自己的"好声音"，我们就往往乐于或倾向于认为这就是自己的真实的声音。在这里，印象、标准、美等就成为判断真实的依据。

从不同角度、不同距离、不同位置、不同方向发出的声音，肯定会是有着某种差异的声音。这些声音都是我们的声音，它们虽然看起来是不同的，但不能据此就认为它们在真实性方面相互排斥，要么这个真实而那个不真实，要么那个真实而这个不真实。西谚云"有一千个读者就有一千个哈姆雷特"。如果用非此即彼的思维来判断，这些"哈姆雷特"不可能同时都是真实的，但事实上他们都可以同时是真实的。这种情况与苏轼从不同角度、不同距离、不同位置看到的不同形态的庐山的情况颇为相似。苏轼《题西林壁》云："横看成岭侧成峰，远近高低各不同。不识庐山真面目，只缘身在此山中。"在这里，不管是成岭还是成峰，不管是远近高低各不同，它们都是庐山，都是庐山在不同角度、不同距离、不同位置所显示出的真实形态。但人们往往热衷于去寻找那个唯一的"真实的对象"，或者"对象的本体"，认为这个"真实的对象"或"对象的本体"才是最真实的，而且它应该就隐藏在不断变化的现象的背后。在这首《题西林壁》中，诗人把绝对真实存在的"庐山"当本体，因为在不同角度、不同距离、不同位置看到的庐山是不同的庐山，于是这些在不同角度、不同距离、不同位置看到的庐山就不是庐山的"真面目"，也即不是真实的庐山。他所希望把握的就是这个唯一真实的庐山。但事实上，他从不同角度、不同距离、不同位置看到的庐山，莫不是真实的庐山。如果否定了这些从不同角度、不同距离、不同位置看到的庐山的真实性而去寻找那个绝对真实的庐山"真面目"，将是困难的，甚至可能是不可能的事情。郭六芳《舟还长沙》云："侬家家住两湖东，十二珠帘夕阳红。今日忽从江上望，始知家在画图中。"在这里，"始知家在画图中"一语似乎表明，"家在画图中"才是真实的，而其他情况则是不真实的，于是产生昨非而今是之感。在这里我们也可以说是美使事物的本真得以呈现在人们面前。但事实上，这个最美的家乡也不过是家乡各种真实状态中的一种，也即最佳状态，也即实现真与美相统一的状态。从这里我们也可以发现，人们更倾向于将美好的状态当作唯一真实的状态。同样，关于庐山，我们也可以假定存在某个角度、某个距离、某个位置，从这个角度、这个距离、这个位置去看庐山，此时的庐山是最美的，但我们不能据此就认为这个角度、距离、位置的庐山就是最真实的，就是庐山的"真面目"。对自己的声音也是如此：不能说那个自己听习惯了的、亲切的、悦耳的声音就是自己的真实的声音，而那个听起来不习惯、有点陌生的、有点令人不快的声音就不是自己的真实的声音。

误听：另一种"创造"

　　歌曲是词与曲的统一。没有词的曲子可以听、可以哼，却没法唱；而且，因为有了词，歌曲的思想内容听一听便可以大体明白。而纯粹的音乐，只有旋律的流动，其情感特征虽然可以感受到，但其思想内容就不好说了。但听歌有个麻烦，就是常常遇到听不清、听不准歌词的情况。

　　之所以听不清歌词，主要是因为歌词在歌唱的过程中要按照曲子的旋律作长短、高低、轻重、强弱、曲直之类的变化。也就是说，一旦唱起来，歌词本身的语音就依律发生了很大变化。比如，最简单的一个变化，当"大"的音被拖长了，da—a—a—a，就由"大"慢慢变成了"啊"；如果出现在下降的音调中，"大"还可能变成"打"。反之，把"打"听成"大"也不奇怪，如把《爱的主打歌》中的"你是我的主打歌"听起来就像"你是我的猪大哥"。又如，"亮"是去声，但在《龙的传人》中为了适应曲调，就变成了阳平或上声，于是，那句"永永远远地擦亮眼"就可能被听成"永永远远地擦两眼"，"巨龙巨龙你擦亮眼"就可能被听成"巨龙巨龙你擦两眼"。另外，节奏过快，也容易导致误听，如相声里的"贯口"，流行歌曲里的 rap，就不太容易听清、听准。周杰伦的《双截棍》，节奏太快，加上变调，估计多数人是听不大明白的。过于文气也容易导致听不清、听不准。例如，京剧倒是慢悠悠的，但要听明白也是不容易的，因为京剧唱词对当代人来说还是过于文气了。

　　听不清、听不准也就罢了，还往往因为没听清、没听准而出现误听的情况，也就是听成了别的字词。例如：

　　"救一把、救一把，从那个悲惨的时候……"（《松花江上》），原本是"九一八、九一八"，但被人听成了"救一把、救一把"。这个误听比较好理解：既然后面是"悲惨的时候"，那么前面就可以是"救一把"，如同人在困境中喊"救命"一样；"救一把、救一把"与整首歌的悲惨情感相吻合。

"澎湖湾、澎湖湾，快活的澎湖湾。"（《外婆的澎湖湾》）这里，有人将"外婆的澎湖湾"听成了"快活的澎湖湾"。整首歌都是一种轻快、温馨的节奏和曲调，所以，应当是快活的、快乐的澎湖湾，怎么会是别的澎湖湾呢？

"我的、我的爸爸，我的爸爸是个快乐的青年。"（《阿里巴巴》）一个小朋友这样唱道。这是音近造成的误听，当然也与小朋友不知道阿里巴巴这个《一千零一夜》中的人物有关。如果他的爸爸确实是个快乐的青年，那就不仅是在唱歌，简直就是在歌唱生活了。于是，将"阿里巴巴"唱成了"我的爸爸"，也不是没有原因的。

"你是疯儿，我是傻，缠缠绵绵到天涯。"（《你是风儿我是沙》）这是电视连续剧《还珠格格》的片尾曲。在电视连续剧中，还珠格格疯疯癫癫的，常常做些出人意料的傻事。但憨人憨福，她总能逢凶化吉、化险为夷。能爱上她的，或被她爱的，自然也会是非疯即傻的角儿。于是，"你是疯儿，我是傻"就好理解了。

"我的头，像山沟。"（《信天游》）本来是"我低头，向山沟"，这里被听成了一个比喻，大意可以理解为，我的头像山沟一样沟沟坎坎的，充满皱褶，充满沧桑，后面不是有"追逐流逝的岁月""搜寻远去的从前"吗？

上述误听，都是听者根据自己对歌曲的理解而"听"出来的歌词。可见，歌词的误听，一方面是由于为了适应曲调而改变了歌词的发音，另一方面是由于听者根据自己的理解来听取歌词。这种误听还往往很顽固，能保持较长时间，这主要是因为它是听者所理解的歌词，是说得通的歌词。如果没有看到文字性的歌词文本，听者往往难以对自己的误听有所意识，也就难以纠正。不过，即便误听，也往往不会耽误听者对歌曲的欣赏或传唱：如果是欣赏，只涉及他个人，问题不大；如果是传唱，因为误听多为谐音所致，别人往往按自己认为正确的字词来听取，也没有什么问题。

如果纯粹是音乐，也就不必费劲去听词。但丝不如竹、竹不如肉，歌声是人间最美妙的声音。在这里，歌词让歌声变得有意义、有内容，变得好理解、好记忆。在欣赏歌声的时候，我们不仅按照歌声的情调、歌词的内容来听，而且积极按照自己的理解、自己的感受来听，这让我们能够大体理解一首歌曲，有时候也不免"歪曲"或误听了作品。但这种"歪曲"或误听往往并不妨碍他对整个作品的理解，因为他本来就是顺着作品的意思来理解作品的，他所理解的作品就是这样的，并非有意"歪曲"或误听。相反，如果听成的词语与整首歌的意思出入过大，以致与整首歌的意思不合，比如将《鲁冰花》中的"夜夜想起妈妈的话，闪闪的泪光鲁冰花"听成了"爷爷想起妈妈的话，闪闪的泪光鲁冰花"就会引起误听者的不解或奇怪。总的来说，误听是听者根据自己对歌曲的理解在无意中进行的一种"创造"。也就是说，歌词的误听并不导致听者的误解。

在听西洋古典歌剧的时候，情况就不一样了。比如听帕瓦罗蒂唱的《我的太阳》，估计很多中国人是听不明白的，听不明白也没事，用心去感受歌声的情感或看看字幕大体了解一下内容也就可以了，并不需要将他的歌声与他唱的歌词完全对应起来。听懂他的歌声与听懂他的歌词在这里可以是两回事。但作为中国人去听中国的歌曲、戏曲，其艺术欣赏的心理准备就不一样，那就是要去听明白歌词的每一句话、每一个字，似乎不这样就不算听进去了，就不算听明白了。这种欣赏的心理准备在听龚琳娜的《忐忑》时就遇到麻烦了：看起来是在唱中国歌，看起来也是一句一句的话、一个一个的字，但整个就是听不明白。原来，这里本来就没有一句可以表述什么思想内容的歌词。没有思想、没有内容的"歌词"，不能理解、不好记忆，人们传唱起来就困难很大，以致每一次唱的"歌词"都可能不完全相同。于是有人根据谐音，将《忐忑》的"歌词"变为："啊啊奥，啊啊奥，阿塞蒂，阿塞刀，阿塞大哥带个刀……""那个呆那个呆那个呆那个呆那个呆那个刀，哎—哟，哎—哟……"等等，于是，本来只是纯粹的一串吐字发音，便也具有了一定的意思。不过，这是有意而为之的谐音"填词"，与无意的误听不同。

等绿灯？等红灯？等红绿灯？

随着汽车的普及，红绿灯作为交通信号越来越成为人们关注的对象，红灯停、绿灯行是驾驶者必须遵守的规则。当交通信号是红灯的时候，驾驶者就要停车等待。这时的等待叫什么？也就是说，是"等什么"？是"等红灯""等绿灯"还是"等红绿灯"？一个奇妙的现象就是，这三种说法在实际生活中都有，而且从道理上都说得通，都有所谓"理据"。

"等绿灯"：这个好理解：绿灯还没有到来，而它正是人们所期待的，于是"绿灯"是可等、要等的目标对象。"等"这个词表示的不是一个具体的动作，表示的是一种时间延续中的心理态度。它的一个基本特点就是要持续一段时间，有起点有终点。"等"的目标对象，往往是一个预期的对象，这个对象尚未到来。从现在开始到目标对象的到来之间是一段时间的延续，所以要等待，如"等日出""等车""等人"……这个意思的"等"是使用频率很高的用法。"等"的这个意思是其最常用的意思，其时间向度是指向未来的。

"等红灯"：这个说法不是指等红灯来，如同等某人来，而是指等红灯过去。因为红灯而等，而且红灯又是要持续一段时间的，所以有"等红灯"的说法。这个"等"表示的是从此时开始直到现状的结束这一段时间的心理状态，所等的并非所期待的，而恰恰相反，所等的是造成等的原因。因此从心理上来看，这种现状不仅不是所希望的，而且是希望尽早结束的。在时间向度上，如果说"等绿灯"是指向未来的话，那么，"等红灯"则是指向当下的。与"等红灯"相似的一个说法是"等雨"。"等雨"这个说法虽然不太正式，也不太流行，但其意思却是明白的。它有两个时间指向或心理期待相反的意思，一是等雨来，一是等雨去。遇上干旱，这时"等雨"就是前一个意思；遇上下雨，这时"等雨"就是后一个意思。这后一个意思就与"等红灯"相似，就是因雨而等并希望雨尽快结束。与"等"的这种双重指向类似的词有"候"。"候"也有两种时间指向，如"候任""候雨"。"候任"是指向未来的，"候雨"是指向当下的，如同"等雨"。

"等红绿灯"：这个说法似乎是把前两种说法合二为一了，好像是既等着红灯过去，又等着绿灯到来。尽管两种"等"的指向不同，但毕竟都要等。还有一种可能，就是把"红灯""绿灯"二者当作一个整体，合称为"红绿灯"，于是不管是红灯造成的"等"，还是为了绿灯而"等"，就都叫"等红绿灯"。从思维的角度讲，这是一种便捷、笼统的思维方式，也即不再细分彼此，也不再确指一个对象，而是混合统称。

如上所述，从理据上看，这三种说法都说得通，意思也都明白，而且在日常口语中都得到使用。那么，这三种说法在日常生活中的使用频率有没有差别呢？笔者用这三个词语搜索百度，结果是，"等绿灯"有 98 万条，"等红灯"有 482 万条，"等红绿灯"有 190 万条。（百度 2013 年 1 月 25 日 11 时）这个结果应当说明了三种说法使用频率的差别。这个结果似乎与"等"的最常见用法相矛盾，也就是说，本来是最符合"等"的基本用法的"等绿灯"，在使用频率上反而不如其他两种说法。为什么会出现这种差别呢？最可能的情况是，心理焦点使然。"红灯"是造成"等"的原因，"绿灯"是要"等"的目标对象，从心理影响来讲，"红灯"的强度显然高于"绿灯"，"红灯"更具有强制性，更成为心理关注的焦点。这就是说，在这里，"等"的直接原因重于"等"的未来目标，以至于同样的时间长度，红灯的心理时间要长于绿灯的心理时间。这种关注强度的不同，反映到语言上，就是"等红灯"优于"等绿灯"而成为人们更多使用的说法。但这并不是说可以推测"等红灯"一说可能代替"等绿灯"的说法。"等绿灯"的"等"较之"等红灯"的"等"，是优势用法，在道路交通这一特定领域中"等红灯"的优势并不能颠覆"等"在日常生活中的优势用法。

这个现象在一定程度上也说明了社会与语言的关系。本来，语言应当是社会生活的反映，但这种反映也并非那么天然、自然地就完成了，期间也有一个不断调整、选择、优化的过程。以前，对一般人来说，就车与人的关系来看，绝大多数是乘车，因而没有必要也不太去关注交通信号。而汽车的普及也就是近些年来的事情，不太关注交通信号的人们一下子都得关注红绿灯了，但这时语言方面似乎还没有做好准备，还没有足够的时间去形成一个较好的形式，或者形成一种大家接受的、习惯的说法，于是只要有"理据"，一个说法就能够得到使用。这个过程如同"手机"一词的形成。《现代汉语词典》第 7 版的解释是："手持式移动电话机的简称。"但随着时间的推移，这个作为简称的"手机"一词则越来越固定，几乎看不出简称的痕迹，同时也失去了当年"大哥大"的尊称。这样，"手机"就取代了其他说法而成为唯一的说法。

后 记

　　本书所收录的若干文字，为近些年来笔者发表的与审美相关的一些文字，自分为三个部分，其一为美学美育方面，其二为文艺理论方面，其三为审美文化方面。所收文章皆注重对相关问题或现象进行审美方面的思考、分析，故名《审美之思》。这些文字往往与当下日常审美现象相关。这些文字也力求现象与抽象的结合，希望透过那些被日常生活遮蔽、被思维习惯忽视的现象，触及、把握现象背后的东西，特别是揭示这些现象所具有的审美价值。

　　借本次结集出版的机会，笔者也对各篇文字进行了重新审视和梳理，做了一定的增删。文章不厌百回改。通过这种审视和梳理，也试图使各篇文字有所完善，不致出现明显瑕疵而令人汗颜。

　　写作有点类似于挠痒，有思想之"痒"，便以写作"挠"之。于是便将《痒，不仅仅是痒》一篇放在首篇，以之代序。对作者来说，写作也属于"如春蚕吐丝，欲罢不能"的事情，但能发表或出版对作者来说也是莫大的鼓励。笔者所在的北方工业大学，虽是以工为主的大学，但也有着浓厚的人文底蕴和人文气息，是国家大学生素质教育基地，其《大学美育》课程也是国家精品课程。本书中《中国古典悲剧作品小议》一篇就出自北方工业大学《大学美育》教学团队参加编写的《大学美育讲义》（王德岩、王文革主编，清华大学出版社 2017 年第二版）。

　　感谢鼓励和支持本书出版的张加才教授和各位师友，是他们的鼓励、支持促成了本书的出版。感谢责任编辑邓友女老师、责任校对谢晓红老师，她们认真把关，改正了文中不少习焉不察的文字问题。本书肯定还存在这样那样的不足和不妥之处，也敬希读者赐教。

王文革

2021 年 7 月 26 日